河北省露天矿山
生态修复综合评价方法研究

刘　硕　李富平　袁运许　马百衡　白雪山
李小光　田西昭　宋建伟　冀　广　许永利
侯双林　彭晓迪　张　隆　赵紫威　何　微　编著
赵永真　魏莹莹　李　桃　张志飞　贾　涛
高明辉　赵玉川　张旭虎　单　强　赵德刚

地质出版社
·北　京·

内 容 提 要

本书基于河北省矿产资源现状以及矿产资源开发、生态修复面临的形势与需求，综合分析了矿山主要生态修复技术的应用，汲取了恢复生态学、景观生态学、土壤学、农学等的相关新技术、新方法，提出了矿山生态修复综合评价指标体系及评价方法，并结合河北省典型露天矿山生态修复案例开展了评价分析。

本书内容系统全面，是针对河北省露天矿山生态修复各个环节，融合理论、技术和实践的一部学术专著，可作为高等院校矿区生态修复知识普及的公共课教材，也可供矿业工程、生态学等领域的专业技术人员参考查阅，可为露天矿山生态修复实施、效果综合评价和相关技术标准制定提供参考。

图书在版编目（CIP）数据

河北省露天矿山生态修复综合评价方法研究 / 刘硕等编著 . -- 北京 : 地质出版社 , 2023.12
ISBN 978-7-116-13970-1

Ⅰ . ①河… Ⅱ . ①刘… Ⅲ . ①露天矿 – 矿山环境 – 生态修复 Ⅳ . ① X322

中国国家版本馆 CIP 数据核字 (2023) 第 257322 号

HEBEI SHENG LUTIAN KUANGSHAN SHENGTAI XIUFU ZONGHE PINGJIA FANGFA YANJIU

责任编辑： 吴金键 龚法忠
责任校对： 陈 曦
出版发行： 地质出版社
社址邮编： 北京市海淀区学院路 31 号，100083
咨询电话：（010）66554528（邮购部）；（010）66554622（编辑室）
网　　址： https://www.gph.clmpg.com
传　　真：（010）66554622
印　　刷： 北京地大彩印有限公司
开　　本： 787mm × 1092mm 1/16
印　　张： 7.75
字　　数： 185 千字
版　　次： 2023 年 12 月北京第 1 版
印　　次： 2023 年 12 月北京第 1 次印刷
定　　价： 68.00 元
书　　号： ISBN 978-7-116-13970-1

前　言

在深入贯彻“绿水青山就是金山银山”这一核心理念的关键阶段，矿山生态修复已作为加速生态文明建设的核心策略之一，展现出其不可替代的重要性。“十三五”规划实施以来，河北省不仅成功实施了大量无主矿山的生态整治工程，取得显著成效，还积极引领绿色矿山建设潮流，对在产矿山实施全方位的生态修复监测与监管，确保矿山企业切实履行地质环境保护与土地复垦的法定责任，推动矿山生态修复工作步入规范化、常态化的轨道。面对河北省矿山多分布于干旱半干旱区域的挑战，水资源匮乏与土壤贫瘠等自然条件的限制，无疑为生态修复工作增添了难度，也对政府监管提出了更高要求。为此，河北省不断创新思路，积极探索并应用新技术、新方法于矿山生态修复领域，同时建立科学的评价体系，对修复效果进行全面评估，以科学指导并持续优化修复策略。

本书精心编纂为七章，系统而深入地探讨了河北省矿山生态修复的理论与实践。开篇即概述了河北省乃至全国的矿产资源现状与开发趋势，为后续章节奠定了坚实基础。随后，聚焦矿区生态修复技术，从土壤改良、重构，边坡生境恢复，到植物配置与种植等多个维度，详尽阐述了河北省露天矿山生态修复的具体路径与技术要点。进而，本书构建了针对河北省特点的生态评价指标体系，从现状到效果，从自然环境到经济价值，全方位、多角度地评价矿山生态修复成效。通过具体案例的深入剖析，不仅展示了河北省在矿区生态现状、植被覆盖动态及生态环境效益经济等方面的研究成果，还以四个典型修复案例为蓝本，综合评估了生态修复的实际效果，为同类项目提供了宝贵的参考与借鉴。

本书由河北省地质环境监测院刘硕、袁运许、马百衡、白雪山、田西昭、宋建伟、冀广、侯双林、彭晓迪、张隆、赵紫威、何微、赵永真、魏莹莹、李桃、张志飞、贾涛、高明辉、赵玉川、张旭虎、单强、赵德刚，华北理工大学李富平、李小光、许永利等编著。全书各章分工如下：第1章由刘硕、袁运许、白雪山、田西昭、单强、赵德刚撰写，第2章由马百衡、冀广、宋建伟、张志飞、赵玉川、赵永真撰写，第3章由刘硕、李富平、马百衡、袁运许、侯双林、张隆、赵紫威撰写，第4章由李富平、白雪山、许永利、宋建伟、赵德刚、彭晓迪、张旭虎撰写，第5章由李小光、马百衡、单强、赵德刚、贾涛、何微、李桃撰写，第6章由刘硕、袁运许、许永利、冀广、田西昭、魏莹莹撰写，第7章由白雪山、宋建伟、李小光、何微、赵永真、彭晓迪、高明辉撰写。全书由刘硕、李富平统稿。

最后，作者团队以谦逊之姿，诚邀业界同仁、专家学者及广大读者不吝赐教，共同为推动我国矿山生态修复事业的进步贡献力量。

目　录

1 河北省矿产资源现状 …… 1
1.1 我国矿产资源的特点 …… 1
1.2 河北省矿产资源的特点 …… 1
1.3 河北省矿产资源开发概况 …… 2
1.4 矿产资源开发面临的形势与要求 …… 3
2 矿山典型生态修复技术研究 …… 4
2.1 矿区土壤改良技术 …… 4
2.1.1 物理改良技术 …… 4
2.1.2 化学改良技术 …… 4
2.1.3 生物改良技术 …… 5
2.2 矿区土壤重构技术 …… 5
2.2.1 渣堆边坡 / 平台覆土修复技术 …… 5
2.2.2 渣堆条带式覆土修复技术 …… 7
2.2.3 保育块苗移植渣堆修复技术 …… 7
2.2.4 渣堆免覆土生态修复技术 …… 9
2.2.5 植生袋生态修复技术 …… 10
2.3 矿区边坡生境重构修复技术 …… 10
2.3.1 矿区边坡挂网喷播修复技术 …… 10
2.3.2 矿区边坡钻孔生态修复技术 …… 14
2.3.3 岩面垂直绿化生态修复技术 …… 15
2.4 矿区植物品种配置及种植技术 …… 16
3 矿区生态评价指标体系构建及评价方法 …… 17
3.1 矿区生态评价基本原则 …… 17
3.2 矿区生态现状评价指标体系 …… 17
3.2.1 矿区生态现状评价指标体系构建 …… 17
3.2.2 矿区生态现状评价指标解析 …… 18
3.3 矿区生态效果评价指标体系 …… 21
3.3.1 矿区生态效果评价指标体系构建 …… 21
3.3.2 矿区生态效果评价指标解析 …… 22
3.4 矿区生态评价方法的确定 …… 25
3.4.1 应用层次分析法，确定评价指标权重 …… 26

3.4.2 运用模糊评价法，进行综合评价 …… 28
4 河北省矿区生态现状评价 …… 30
4.1 矿业开发对矿区生态的影响 …… 30
4.1.1 矿业开发过程对矿区生态的影响 …… 30
4.1.2 矿业开发对矿区生态的影响 …… 30
4.2 矿业开发对矿区土壤养分状况影响 …… 35
4.2.1 矿区土壤取样概况 …… 35
4.2.2 矿业开发对矿区土壤养分状况影响 …… 35
4.3 某矿山生态环境现状评价 …… 40
4.3.1 矿山自然地理概况 …… 40
4.3.2 矿山评价指标获取 …… 42
4.3.3 矿山生态环境现状评价 …… 43
5 矿区植被覆盖动态评价 …… 48
5.1 数据来源 …… 48
5.2 植被覆盖度反演及分析方法选取 …… 49
5.2.1 植被覆盖度遥感估算方法研究现状 …… 49
5.2.2 矿区植被覆盖变化遥感监测研究现状 …… 49
5.2.3 矿区植被覆盖反演方法选取 …… 50
5.2.4 矿区植被覆盖分析方法选取 …… 51
5.3 遥感图像解译 …… 51
5.3.1 辐射定标 …… 52
5.3.2 大气校正 …… 52
5.3.3 图像配准及裁剪 …… 52
5.4 矿区植被覆盖时空动态变化特征分析 …… 53
5.4.1 矿区植被覆盖时间变化特征 …… 53
5.4.2 矿区植被覆盖空间变化特征 …… 54
5.4.3 矿区植被覆盖度时空演变 …… 58
6 矿区生态修复环境效益经济评价 …… 61
6.1 矿区生态重建环境效益评价基础 …… 61
6.1.1 环境价值评价基础 …… 61
6.1.2 环境功能和环境效益评价基础 …… 62
6.2 矿区生态重建功能 …… 63
6.2.1 保护拦蓄降水 …… 63
6.2.2 保护改良土地资源 …… 64
6.2.3 固碳制氧 …… 64
6.2.4 净化空气 …… 64
6.3 矿区生态修复环境效益经济评价 …… 65
6.3.1 环境效益经济评价指标获取 …… 65

6.3.2 保护拦蓄水资源评价 …… 68
6.3.3 保护改良土地资源评价 …… 69
6.3.4 固碳制氧评价 …… 70
6.3.5 净化空气评价 …… 71
6.3.6 矿区生态重建环境经济效益评价 …… 72
7 典型矿区生态修复效果评价案例 …… 74
7.1 迁安市某铁矿生态修复案例评价 …… 74
7.1.1 自然地理概况 …… 74
7.1.2 生态修复方案 …… 76
7.1.3 生态修复效果评价 …… 81
7.2 青龙县某铁矿生态修复案例评价 …… 85
7.2.1 自然地理概况 …… 85
7.2.2 生态修复方案 …… 89
7.2.3 生态修复效果评价 …… 91
7.3 滦州市某铁矿生态修复案例评价 …… 94
7.3.1 矿山概况 …… 94
7.3.2 生态修复方案 …… 94
7.3.3 生态修复效果评价 …… 100
7.4 唐山市某矿山生态修复案例评价 …… 103
7.4.1 自然地理及地质条件概况 …… 103
7.4.2 生态修复方案 …… 105
7.4.3 生态修复效果评价 …… 106
参考文献 …… 111

1 河北省矿产资源现状

矿产资源作为我国经济发展的“血液”，在国民经济和社会发展中具有重要的战略地位。河北省位于华北地区，成矿地质条件优越，煤、铁、金及各类非金属矿产资源丰富，矿产资源开发利用水平居全国第九位，是京津冀地区重要的原材料供应基地。

近年来，随着生态文明建设和经济结构调整，河北省矿产资源开发利用正面临着巨大的环境压力和挑战。

1.1 我国矿产资源的特点

1）总量丰富，人均占有量少。我国矿产资源探明储量的潜在价值以及目前所具备的矿业实力，均居世界前列。由于我国人口众多，人均拥有量仅居世界第八十位；主要矿产资源的人均占有水平，除了钨、稀土较高外，其余均低于世界平均水平，有些还不到世界平均水平的三分之一，铁矿、能源等一些对经济发展有重要制约作用的矿产资源，其人均占有量不到世界平均水平的二分之一。

2）各种矿产的丰欠程度差异大。我国储量充足的矿产多半用量不大，大宗重要矿产又普遍储量不足。除具有明显优势的煤矿以外，多数有色金属和非金属矿用量较小，大宗铁、铜、石油及天然气等矿产虽用途广、用量大，但不具有明显优势。

3）贫矿、难选矿多，共生、伴生矿产多。我国贫矿、难选矿多，共生、伴生矿产多。虽然给采、选、冶带来诸多困难，但有利于综合利用。目前，已探明的铁矿总储量中，品位只有 30% ~ 35% 的贫矿占 86%，而可以直接入平炉和高炉的富铁矿只有 1% ~ 2%。

1.2 河北省矿产资源的特点

河北省地层发育较齐全，地质构造复杂多样，岩浆活动频繁，三大岩类出露齐全，成矿地质条件有利，形成了较为丰富的矿产资源。截至 2020 年年底，已发现矿产 130 种，其中查明资源储量的矿产 104 种、未查明资源储量的矿产 26 种。列入《2020 年河北省矿产资源储量表》（以下简称《储量表》）的矿产 73 种，未列入《储量表》的矿产 31 种。列入《储量表》矿产地 1530 处，按矿产大类划分：能源矿产 167 处，金属矿产 891 处，非金属矿产 472 处；按矿产地规模划分：大型 217 处，中型 360 处，小型 953 处。列入《储量表》的矿产中，资源储量排位居全国前 5 位的有冶金用白云岩、铁矿等 37 种；位次在 6 ~ 10 位的有钼矿、铝土矿、盐矿等 20 种。主要矿产：煤炭保有资源储量 228.54 亿吨，居全国第十二位；铁矿保有资源储量 96.09 亿吨，居全国第三位；钼矿保有资源储量 87.46 万吨（金属量），居全国第十位；金矿保有资源储量 290.51 吨（金属量），居全国第十八位；冶金用白云岩保有资源储量 12.67 亿吨，居全国第五位；水泥用灰岩保有资源储量 55.13 亿吨，居全国第十二位。

河北省矿产资源分布广泛、特色明显，主要分布在北部燕山和西部太行山区。煤矿主要分布在冀西北、冀东山前和太行山南段，铁矿主要分布在冀东、冀南和冀北，贵金属主要分布在冀东、冀西北和太行山北段，有色金属主要分布在冀北、保定涞源、易县，石灰岩和白云岩主要分布在燕山和太行山山前，地热资源主要分布在冀中平原。

河北省矿产资源禀赋特点为种类多，优质矿产少；矿产地数量多，大型矿床少。矿产资源虽分布广泛，但优势矿产和资源储量分布相对集中，便于开发利用。煤矿主要分布于冀东的唐山、冀南的邯郸及邢台和冀西北的张家口。铁矿集中在冀东的唐山（占全省总量的 68%）及冀南的邯郸、邢台，钒钛磁铁矿集中在承德。铜、钼矿分布于承德、保定。铅、锌矿分布于张家口、承德、保定。金矿主要集中在唐山、张家口、承德、石家庄。银矿则相对集中于张家口、承德、保定。水泥用石灰岩主要集中于冀东的唐山、冀西的石家庄、冀南的邯郸。

目前，河北省已逐步形成了冀东、冀南两大煤、铁、石灰岩等矿产开发基地，冀东、张家口两大金矿开发基地和新兴的蔚县采煤基地。石油、煤、铁、金、水泥灰岩已成为河北省矿业的五大支柱。

1.3 河北省矿产资源开发概况

全省已开发利用矿产地 1056 处，占总数的 69.02%。探矿权 627 个，勘查矿种以铁矿、金矿、多金属矿、地热为主。固体矿产采矿权 1989 个，地热、矿泉水采矿权 450 个。全省固体矿产矿山，按矿山规模分：大型 186 个，占固体矿山总数的 9.35%；中型 300 个，占固体矿山总数的 15.08%；小型 1503 个，占固体矿山总数的 75.57%。按矿产类型分：煤炭矿山 66 个，铁矿 727 个，建材非金属 608 个，贵金属 192 个，有色金属 35 个，其他非金属 361 个。按生产状态分：生产矿山 419 个，未生产矿山 1570 个。按开采方式分：地下开采矿山 1005 个，露天开采矿山 984 个。

“十三五”期间，河北省通过矿山减量化管理及结构优化，全省砖瓦用黏土、石膏矿山全部关闭，部分煤炭及建材、非金属矿山依法有序关闭退出。固体矿山数量由 2015 年的 3154 个减少到 1989 个，减少 37%。大、中型固体矿山占比达到 24.43%，提升 13.60 个百分点。全省煤、铁、金等主要矿产矿山“三率”水平达标率 90%。通过矿山关闭和产能置换，压减煤炭产能 5590 万吨，铁矿、金矿、银矿、铅锌矿、钼矿、水泥用灰岩、建筑石料用灰岩、建筑用白云岩等矿产产量显著下降。

2020 年，全省开发利用矿种有 82 种，主要开发矿产有铁矿、煤矿、金矿、地下热水及建材非金属矿产等。2020 年，矿山矿石量产能 8.34 亿吨，其中，煤炭 6222 万吨、铁矿石 3.43 亿吨、水泥用灰岩 5695 万吨、建筑石料用灰岩 6963 万吨、建筑用白云岩 6495

万吨、金银矿石量 182 万吨、铜铅锌钼矿石量 417 万吨、地热及矿泉水液体矿产 4140 万吨。2020 年，矿山实际生产矿石量 3.27 亿吨，其中煤炭 4657 万吨、铁矿石 14585 万吨、水泥用灰岩 3435 万吨、建筑石料用灰岩 2700 万吨、建筑用白云岩 5261 万吨、金银矿石量 160 万吨、铜铅锌钼矿石量 92 万吨、地热及矿泉水水气矿产 1867 万吨。

2020 年，全省规模以上非油气采选业增加值 1609 亿元，从业人数约 15 万人。矿山就业人数排序前 10 名的开采矿种为煤炭、铁矿、金矿、地下热水、水泥用灰岩、建筑用白云岩、建筑石料用灰岩、普通萤石、制碱用灰岩与熔剂用灰岩。

2020 年，全省矿山开采工业产值总计 6543182.08 万元。矿山开采工业产值位列前 10 名的矿产为铁矿、煤炭、水泥用灰岩、金矿、地下热水、建筑用白云岩、建筑石料用灰岩、钼矿、铅锌矿与制碱用灰岩，共计 6372136.72 万元，约占年矿山开采工业产值总数的 97.39%；前 10 名以外年矿山开采工业总产值 171045.36 万元，约占年矿山开采工业产值总数的 2.61%。矿业开发有力支撑了钢铁、建材、能源等产业经济健康稳定发展，保障了京津冀基础设施建设和民生的基本需求，促进了区域经济社会协调发展。

1.4 矿产资源开发面临的形势与要求

“十四五”时期，是河北省加快建设现代化经济强省、美丽河北的关键阶段，是生态环境深度治理期、矿业转型升级攻坚期、高质量发展提升期。矿业发展需要融入国内大循环、国内国际双循环，落实国家能源资源安全战略，开创河北矿产资源勘查、开发利用与保护新局面，重塑矿业开发保护新格局。

生态文明建设，要求矿业必须高质量发展。随着生态文明建设、京津冀协同发展深入推进，京津冀生态环境支撑区和首都水源涵养功能区建设不断加快，资源环境形势依然严峻。需要正确处理局部与整体、资源开发与环境保护的关系，加强矿产资源开发管理，优化矿山开发布局结构，加大矿山环境综合治理力度，将绿色发展理念贯穿于矿产资源勘查开发全过程，加快形成符合生态文明建设要求的矿业开发新模式。

2 矿山典型生态修复技术研究

矿山生态修复是指，以生态学理论为基础，根据相关恢复理论，运用生态修复的相关技术手段，实现矿山废弃地的重建和土地资源的再利用。目前，矿山生态修复技术手段，主要有矿区土壤改良技术、土壤重构技术、边坡生境重构修复技术、植物品种配置及种植技术等。

2.1 矿区土壤改良技术

土壤作为生态系统最基本的组成成分，对矿山生态修复起着决定性作用，改良土壤理化性质和营养状况是矿山生态修复的重要目标。目前，土壤改良的主要技术方法有物理改良法、化学改良法和生物改良法。

2.1.1 物理改良技术

物理改良，主要采用排土、换土、客土混合机深耕翻土等方法，根据矿山废弃地不同的实际需要选择不同方法。矿山废弃地生态修复实践中，往往采取排土后混合客土来改良土壤，采矿前将土壤分层取走保存，工程结束后对废弃地进行修复时将原土运回加以利用。这种方法已成为许多国家当前保护矿山环境的标准程序。此外，矿山废弃地土壤通常较为紧实。因此，在采取土壤化学改良和生物改良之前，通过深耕翻土，改良土壤紧实度和土壤结构；对于土层过薄或污染严重的矿山废弃地，客土法成为必要的改良方法，同时采用化学泥浆、喷射泥浆、振动束泥浆墙、薄膜墙、平板墙等方法，隔离和去除矿山废弃地土壤中易于分解扩散的污染物。近年来，有些国家采用电渗析法修复矿山废弃地，对土壤中的重金属进行集中收集处理。这种方法简单，但受到土壤复杂性影响，难以广泛应用。

2.1.2 化学改良技术

化学改良过程中，通常向土壤中加入材料或试剂来改良土壤的理化性质。大量实践表明，在矿山废弃地土壤中加入堆肥、粪肥、木屑、绿色垃圾或无毒有机污泥等，能够有效提高土壤养分。研究发现，木屑可以显著提高非禾本科草本、灌木和乔木的存活率；城市污泥也被广泛应用于矿山废弃地基质改良，其中含有丰富的营养元素和有机质，同时具有较强的黏性和持水性，对于提高土壤微生物活性和增加土壤肥力有较好效果。实践表明，对于矿山废弃地的酸碱化倾向，石灰或碳酸钙能有效改良过酸废弃地；硫酸铁、硫磺等酸性物质能有效改良过碱性废弃地；对于矿山废弃地土壤中的重金属污染，部分化学试剂（如磷酸盐、钙离子、EDTA 等）可以有效降低重金属毒性，减轻对土壤的污染。

2.1.3 生物改良技术

生物改良是通过利用植物、土壤动物和微生物的生命活动及其代谢产物，来改良土壤的理化性质和土壤营养状况。相关研究表明，豆科植物能够生长于土壤污染严重的矿山废弃地中，使矿山废弃地中氮含量显著提高；杨梅、沙棘等都具有较强固氮能力。近年来，利用植物来提取和降低矿山废弃地土壤中的重金属，为土壤改良提供了新途径。大量实践表明，Pb、Cd、Cr、Mn、As、Zn、Cu、Hg 等重金属的超富集植物有 30 多种。例如，鸭跖草可以大量富集 Cu，蜈蚣草可以大量富集 As，东南景天、鬼针草和酸模可以大量富集 Pb，商陆可以大量富集 Mn。此外，通过现代生物技术，克隆耐重金属污染的基因，可用于改良和培育矿山废弃地重金属富集的植物种类。土壤中的动物对于改良土壤结构、增加土壤孔隙度及增强土壤肥力，都发挥着重要作用。通过灌水、电击等方法将蚯蚓引入矿山废弃地，蚯蚓的活动可以增加土壤孔隙度、有效改良土壤的物理结构及起到富集重金属的作用。微生物能够有效促进植物营养吸收、改良土壤结构、减弱重金属毒性等。目前，大量矿山废弃地生态修复已将微生物肥料用于土壤的改良。研究表明，根瘤菌与豆科植物共生，可将大气氮气转化为氮素固定到土壤，利于土壤中氮元素积累；土壤接种菌根，利于植物对 P、Mo 元素吸收，降低土壤中 Mo 污染。

2.2 矿区土壤重构技术

土壤重构技术，主要有渣堆边坡 / 平台覆土修复技术、渣堆条带式覆土修复技术、保育块苗移植渣堆修复技术、渣堆免覆土生态修复技术、植生袋生态修复技术。

2.2.1 渣堆边坡 / 平台覆土修复技术

渣堆（排土场）一般分为多级台阶。在矿山生态修复时，一般采取在上层台阶向下覆土，分为翻斗车运输倾倒和输送带输送两种主要方式。该技术应用广泛。土壤自上而下滑下，形成自然安息角，稳定性好；不足之处在于，该技术所覆土层上下薄厚差异大，常常造成上部土层 1m 以上、下部坡脚碎石裸露的问题，坡脚一般再利用铲车、挖掘机等机械重新覆土，以保证绿化效果（图 2.1）。

图 2.1 渣堆边坡 / 平台覆土修复

排土场是露天矿开采过程中形成的结构松散、植被覆盖度低、养分含量低、平台和边坡相间的松散堆积体，由岩石、土壤共同组成，是一种工程扰动土。排土场的形成过程，决定了其具有物质组成复杂、大孔隙发达、土壤理化性差等特点，在强降雨等条件下易发生泥石流等地质灾害。将排土场修复为具有良好生态效益的土地，对于改善当地生态系统具有重要的意义。当前，排土场大多是在土壤重构、蓄水截流整地和优化植被配置模式的基础上进行生态修复。矿山在排土过程中，可将大块废石放在排土场的底部，而将细粒土覆盖在坡面和平台处，为植物生长提供基本条件。土壤质地、容重、孔隙状态及入渗、持水保肥等指标，会影响植被的生长，也影响生态修复的最终效果。植被恢复是排土场生态修复的关键环节。植物的生长，一方面可改善土壤的理化性质，增加土壤有机质含量；另一方面，可增加植被盖度，改善矿区的生态环境。

排土场平台处土壤经过压实，致使其容重增加、孔隙度减小，严重影响植物根系发育，致使单位面积植被生物量下降；而坡面处土壤密实度相对较低，易引发沟蚀，造成水土流失。因此，在平台处宜翻耕表土，以利于植物根系发育；在坡面处，宜尽早采取蓄水截流和植被修复技术措施，以减少水土流失。植被配置模式对修复后整个矿区生态系统的整体稳定性及修复区土壤均具有重要影响。当前，平台通常采用乔、灌、草相结合的生态防护技术进行修复，坡面通常采用灌木、草相结合的生态防护技术进行修复。其中，乔木通常选择刺槐、榆树、油松等树种，灌木通常选择火炬树、紫穗槐、胡枝子、荆条等，草本植物通常选择耐贫瘠的紫花苜蓿、黑麦草等。

排土场生态修复难度虽较岩质边坡低，但由于土石混合体在固结过程中易引起排土场不均匀变形，从而在坡面和平台外边缘附近产生拉伸裂缝。这将导致土壤结构发生小尺度变化，恶化土壤墒情，增加滑坡和泥石流等地质灾害发生的可能性，对植物生长、土壤微生物学特性、植物群落和排土场的整体稳定极为不利。因此，在矿山排土场堆排到设计高度后，应尽早在坡面和平台上覆土。然后，进行紫花苜蓿、黑麦草等草本植物的混播，以达到快速复绿、减少水土流失和加速土壤熟化的目的。同时，应做好截排水系统的修建。待排土场土体基本固结后，再在坡面和平台上栽植或播种乔木、灌木和草本植物。植被恢复后，要对排土场的稳定性、地裂缝发育情况和植被生长状态进行实时监测；发现情况异常后，需采取相应的工程技术措施，确保排土场的安全稳定和其所在区域的生态系统向正方向演替。

大型排土场面临着旱季缺水和雨季易造成水土流失及坡体失稳等问题。如何充分利用雨季的雨水资源，减少集中降雨引起的水土流失与植物生境退化，也是排土场需要解决的关键问题之一。李全生等[1]根据景观生态学的原理，引入新的景观组分，调控水土物质流过程，提高了水资源的生态利用效率。

安全稳定是实现排土场生态修复的前提。在进行植被恢复之前，通常在排土场坡面和台阶上进行覆土，为后期植被恢复提供生长基质。坡面覆土通常采用自卸汽车由坡顶倾倒土方的方式，土在重力作用下由坡顶向坡脚处滑动，这就造成粒径较大的石块或粗颗粒土集中于坡面的中、下部，越接近坡脚处石块或土的粒径越大，而坡顶处土的粒径相对较小。针对上述问题，通常在排土场坡面的中、上部采用乔灌草相结合的生态修复方案，可有效地降低坡面水土流失、增加土壤养分含量、增强浅部土体强度。通常选择根系发达、耐旱耐贫瘠、固土能力强的乔木树种（如油松、刺槐、榆树等），灌木通常选择紫穗槐、火炬树、胡枝子、沙棘等，草本植物多选择紫花苜蓿、黑麦草、狗牙根等。在坡面的中、下部，可采用灌草结合的生态修复方案。坡脚处通常在坡脚与平台交界处栽植爬山虎等速生藤本植物进行快速修复。根据平台的宽度、土质情况，可将平台修复为林草地、经济林地或中药材种植地等。

2.2.2 渣堆条带式覆土修复技术

在渣堆（排土场）顶部平台可进行条带式覆土，种植各类苗木。在顶部平台用钩机等设备挖宽约 1m、深 1 ~ 1.5m 的沟，沟内回填土壤。该技术减少了客土的用量，适合于土源不足的情况；沟内填土保证了苗木的生长，植被恢复过程中需进行 1 ~ 2 年灌溉养护（图 2.2）。

图 2.2　渣堆条带式覆土修复

2.2.3 保育块苗移植渣堆修复技术

保育块苗由日本绿化工学会原理事长、日本信州大学教授山寺喜成博士于 2002 年提出。所谓保育块，是一种由材料配成的、有一定硬度的圆柱形土块。土块中间为贯通上下的空心柱，其间填入生长基质和乔木或灌木种子。当种子发芽后，由于四周土壁硬度高，木本植物须根的侧向伸展受到保育块土壁的束缚和限制，不会迅速发育；而木本植物主根的纵向伸展则不受束缚，可以沿着保育块中间的空心柱在重力作用下向下方延伸，最终形成了植物主根粗壮发育、须根少但根系较粗的效果。保育块育苗，既具有播种林木的根系形态，也避免了容器育苗所产生的缠绕根问题；既可以像容器苗一样移植不受季节限制，也避免了传统移植扦插方法对植物根系的损害。这种强壮发育的主根，更容易深入到土壤深层和岩石缝隙之中，增强林木的抗旱性和稳定性，使木本植物能在立地条件恶劣的边坡上生长发育，达到保护坡面、恢复植被覆盖、改善生态环境的目的（图 2.3）。

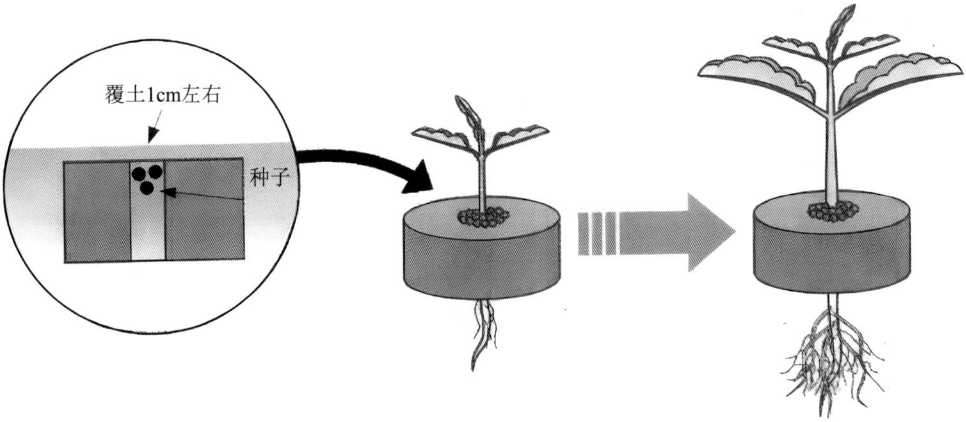

图 2.3　保育块育苗示意图

保育块苗的移植方法与一般苗木的移植方法相同。由于保育块本体较小（8cm × 10cm），不适宜培育大苗，一般在苗木株高达到20cm左右时（主根系被控制在保育块内），即可移植到坡面上。由于保育块苗的根系未受到损伤，移栽后一周左右，主根就可迅速扎进坡面土壤并向垂直方向伸展，比较粗壮的须根也能迅速向坡面方向延伸并在坡面土壤层中形成网络状，而一定的株高又可以使乔、灌木幼苗避免周边草本植物对阳光更多的遮挡，乔灌木的幼苗完全可以与草本植物竞争，并最终形成以乔木或灌木为主的、伴生有草本的稳定的植物群落。特别是在气候干旱、土质较差的坡面上，保育块苗的生存能力要远大于容器苗、土球苗和裸根苗，是值得关注和推广的坡面苗木移植新方法。

与容器苗相比，保育块苗在主根、侧根、根系形态、对坡向的适应性、固土能力等多方面具有更大的优势（表 2.1）。

表 2.1　保育块苗与普通容器苗的比较

比较项目	保育块苗	容器苗
直根（主根）	粗壮、长	缠绕、纤细、短
侧根	粗壮、长、疏生	细、短、密生
网络结构	容易形成	不易形成
根系侵入土层的深度	深	浅
根系的伸展范围	大范围伸展	伸展范围狭小
生育特点和寿命	生物量多、寿命长	生物量少、寿命短
对于坡面的适应性	根系形态可适应坡面	根系形态不适应坡面
固土能力	强	弱

渣堆（排土场）全部为颗粒不均的碎石，氮、磷养分极度缺乏，物理结构差，若在其上直接种植苗木，则当年成活率低。采用保育块苗进行渣堆边坡育苗移栽，可显著提高苗木成活率，节省施工成本，保证绿化效果。该技术可在渣堆顶部平台及边坡应用，渣堆可少覆土或不覆土，保育块内土壤经过精心配制、营养充足，移栽现场后苗木缓苗快、成活率高，生长速度快，是一种低成本的渣堆平台、边坡生态修复技术（图 2.4）。

图 2.4　保育块渣堆生态修复

2.2.4 渣堆免覆土生态修复技术

渣堆平台在进行植被恢复时，部分渣堆平台表层含有部分山皮土或石粉等细粒物质，可利用固氮型的草本及灌木直接进行渣堆植被恢复。该技术对先期所用的先锋植物要求较严格，所用的先锋植物既要能适应矿区贫瘠、干旱的特殊环境，还要能对病虫害的抵抗力比较强。故而建议在先锋植物的选择方面，应该充分考虑本地物种的利用。比如，与本地物种刺槐结合进行生态修复，刺槐抗逆性、抗病虫害能力更强，在渣堆直接生态恢复中有较大的应用前景（图 2.5）。

图 2.5　渣堆免覆土生态修复

2.2.5 植生袋生态修复技术

该技术生态恢复与重建的主要材料，由培养土、植物种子和可降解的包装袋组成。该技术的施工工艺主要包括植生袋的制备、基质备料、装袋、运送至工作面、植生袋码放与固定和养护等工艺过程。由于植生袋生态修复技术具有施工工艺简单、复垦效果好、运输方便、成本低等优点，因而可将其作为岩质边坡生态防护的备选方案之一。吴冠辰等[2]将植生袋技术应用于铁矿岩质边坡生态防护工程，并对边坡的稳定性进行分析；结果显示，植生袋生态防护技术可显著增强边坡的安全系数。罗敏敏等[3]提出生态袋+SNS柔性生态防护技术，并将该技术应用于岩质边坡生态恢复与重建工程中；该方法的成功应用，为解决岩质陡坡的生态防护提供了新的方法和思路。陈冀川等[4]探讨了植生袋技术在岩质边坡生态景观设计中的作用，为岩质边坡生态恢复与重建拓宽了思路（图 2.6）。

图 2.6　缓坡植生袋生态修复

综上所述，众多学者与工程技术人员的理论与实践研究成果，推动了岩质边坡生态重建技术的快速发展。但其工作重点大多集中于护坡技术、植物选型、植生基质配比、植生基质物理力学参数、植生基质中养分和水分的变化规律以及施工后的养护等方面。事实上，岩质边坡坡度、边坡高度、坡面岩性及其风化程度、坡面节理裂隙的发育情况及优势结构面的方位，均对植物选型、植生基质配比、护坡技术选择具有不同程度的制约作用。而在实际应用过程中，大多数学者和工程技术人员并未充分考虑上述各因素对生态重建技术、植生基质配比及植物选型的影响。

2.3 矿区边坡生境重构修复技术

2.3.1 矿区边坡挂网喷播修复技术

2.3.1.1 客土喷播修复技术

客土喷播技术，是将土壤、有机肥料、保水剂、碱调节剂、适宜的植物种子等混合均匀后，借助柱塞泵和空气压缩机提供的动力将上述混合物喷射到岩体或土体坡面上形成植物生长的土壤层。该技术具有成本低、工艺简单和施工速度快等优点，主要适用于硬土质边坡、风化的岩质边坡、软岩边坡等，对裂隙发育的岩质边生态防护化效果尤为明显。李映等[5]对木质素含量与客土喷播材料抗剪强度参数之间的内在关系开展了研究工作；结果表明，木质素可显著增强基质的抗剪强度，研究成果为客土喷播基材的合理配比提供了借鉴和参考。杨奇等[6]开展了岩体表面粗糙度对客土喷播基材整体稳定性影响的研究工作；结果表明，岩体表面粗糙度对喷播基材的整体稳定性起控制作用。田开洋[7]对客土喷播等生态重建技术的作用原理及其优缺点进行了详细的论述与分析。孙汝斌等[8]对宜兴废弃矿山挂网客土喷播区植被前、后期的养护与管理进行了系统研究，研究成果为客土喷播区植被养护与管理方案的制定提供了参考。翟文光[9]对客土喷播、混喷植生、生态植被毯等 19 种生态防护技术的优缺点、适用范围及施工工艺原理进行了详细的分析，分析结果为高速公路沿线岩质边坡景观提升及生态防护提供指导。黄燕[10]将客土喷播技术应用于黄南线二期改造工程，取得了良好生态防护效果。郭东升等[11]对客土喷播技术的经济可行性及其效益进行了分析，并将客土喷播技术应用于矿山地质环境的治理。王来永等[12]综述了客土喷播技术的发展概况、施工要点、在道路护坡、矿山及水利工程中的应用，并对其发展趋势进行了展望。田继龙等[13]等通过对各边坡生态防护技术对比分析后认为，该技术可用于公路等边坡的生态防护。

上述学者和工程技术人员的研究和工程实践表明，客土喷播技术有其自身的优点和适用性，可作为边坡生态恢复与重建的备选方案之一。在实际工程应用过程中，众多学者和工程技术人员并未充分考虑边坡角度、坡面特征对客土喷播根土复合体与边坡的整体稳定性的影响。研究表明，边坡角度和边坡表面岩体节理裂隙的发育程度及优势结构面的产状，是影响根土复合体与边坡的整体稳定性的关键因素。

2.3.1.2 植被混凝土防护技术

植被混凝土生态防护技术由液压喷播技术演化而来，植被混凝土是典型的人工复合生态基材。该技术最初主要针对高速公路与铁路沿线高陡岩质边坡生态修复技术难度大而开发的，其固体部分由土壤（主要是工程区附近的沙壤土）、胶凝材料（主要是低碱度水泥）、保水剂、草本及灌木种子、水等按适宜的比例混合后配制混凝土拌合物。其主要优点是材料来源广、具有与土壤相似的多孔结构、具有一定的强度和抗侵蚀能力，且施工机械化程度高。

目前，该技术主要集中于植被混凝土成分及其比例，以及其基本力学参数的研究。关于植被混凝土—根系—岩质边坡的整体稳定性、植被混凝土中营养成分的变化规律、植被恢复后的生态演替规律、生态系统的稳定性及混凝土中水分的储存及运移规律等方面的研究基础相对较为薄弱，研究成果相对较少。

张琳瑶等[14]对植被混凝土有机质成分及含量对其强度的影响规律，开展了一系列试验研究；结果表明，有机质含量与其强度呈负相关。马朋坤等[15]为降低矿区边坡生态重建成本，开发出以铁尾矿为基础材料，低碱度硫铝酸盐水泥、糠醛渣、蘑菇渣、秸秆纤维、保水剂、粘合剂、有机肥等为基质配比的植被混凝土，并对该植被混凝土的生物适宜性和基本力学参数开展了试验研究。许文年等[16]研究了水灰比、有机质掺量和水泥含量对植被混凝土护坡基材初期强度的影响程度；结果表明，上述三因素对植被混凝土初期强度的影响依次增大。梁永哲等[17]开展了植物纤维对植被混凝土抗冻耐久性影响的试验研究；结果表明，当棕纤维与黄麻纤维的含量分别为0.6%和0.9%时，植物纤维对植被混凝土的耐久性具有显著的提高作用。Harianto et al.[18]的研究成果表明，植物纤维可明显改善植被混凝土的持水性、保水性、干缩性、抗拉和抗剪等物理力学特性。张振东等[19]将断级配植被混凝土应用于岩质边坡生态护坡中，并在此领域开展了相关的研究工作；结果表明，断级配全填式植被混凝土具有生态重建效果好和抗冲刷性强的优点。

李绍才等[20]为探究根系与岩土体相互作用的力学机理，开展了原位抗拉拔试验；结果表明，根系直径和类型是控制其抗拉强度的关键因素，研究成果为岩质边坡生态重建植物选型和工程设计提供了参考。张翔宇等[21]采用单因素试验方案，就根丝植入与土体强度之间的关系开展了试验研究；结果表明，根丝竖向放置对土体强度增强作用最为明显。Katuwal et al.[22]以含黑麦草根系的根-土复合体为研究对象，对不同含根量的土体开展了抗剪强度试验研究；结果表明，含根量是控制根-土复合体抗剪强度的关键因素，且其强度与根系密度呈正相关。Fattet et al.[23]为研究根系数量与根-土复合体强度之间的关系，以含盐肤木、麻风树和蓖麻3种植物根系的根-土复合体为研究对象，对其开展了抗剪强度试验研究；结果表明，细根数量是影响对根-土复合体抗剪强度的关键因素。黄晓乐等[24]分别对含紫花苜蓿、狗牙根根系的根-土复合体进行抗剪强度与分形特征开展了系统的试验研究；结果表明，根-土复合体的抗剪强度，随根系分形维数的增加呈先增后减的趋势。丁瑜等[25]对4种不同粗糙度的护坡基材土-岩接触面开展了原位剪切试验，研究成果为解决基材土-岩接触区域的整体稳定性，提供了必要的依据和指导。Tardio et al.[26]的研究表明，剪切位移对根-土复合体抗剪强度的贡献率呈负相关。Rahardjo et al.[27]对灌木和深根系草本植物根系对边坡加固作用开展了研究，提出了一种综合分析应力-应变计算连续土质边坡稳定性的方法。

杜祥运等[28]以双汉口水电站贫瘠土壤配制的植被混凝土为研究对象，开展了活化菌剂施用量对基材肥料及狗牙根生长状况的影响规律的研究；结果表明，活化菌剂的添加量为基础质量的6% ~ 9%时，可显著改善植被混凝土的理化性质。韩颖等[29]对岩质边坡生态防护系统中微量元素径流损失模型开展了试验研究，研究成果为植被混凝土养分设计提供了理论依据。宋媛媛等[30]为研究人工土壤养分随降雨径流损失规律，对人工土壤中氮、磷、氯元素受降雨侵蚀流失规律开展了试验研究，研究结果为人工土壤设计提供指导。李林霞等[31]的研究表明，合理的植物配置模式是促进群落向正演替方向发展的关键因素。张俊云[32]采用人工降雨的方式研究了岩质边坡植被护坡系统的水分平衡和运移规律，研究成果为岩质边坡植被防护系统的水分平衡控制提供了依据。

众多学者的研究成果有力地推动了植被混凝土防护技术在岩质边坡生态重建中的应用。但在应用该技术的过程中，并未充分考虑岩体裂隙的发育程度、边坡高度、坡面角及岩性对植被混凝土基材配比、植物选型的影响。而对于岩质边坡植被混凝土生态重建工程而言，植物的地境条件由岩体裂隙的发育程度、优势结构面的方向、结构面的连通性、岩性和温度等要素构成。因此，在应用植被混凝土生态防护技术时，充分考虑植物的地境条件，不仅可优化植被混凝土的配比，降低生态重建成本，而且可优选适生植物，增强植被混凝土基质-根系-岩质边坡坡面的整体稳定性。

2.3.1.3 三维植被网喷播技术

三维网喷播技术是利用活性植物并结合土工合成材料，在坡面构建具有自身生长能力的生态防护系统，通过植物生长对边坡进行加固的一门技术。该技术具有施工简便、效率高、成本低及生态防护效果好等优点，其施工过程主要包括坡面整理、挂网锚固、种子的选择与处理、种植基材混合配制、种植基材喷固、覆盖无纺布、后期的养护与管理。

众多学者和工程技术人员对三维网喷播技术在岩质边坡生态重建中的应用开展了大量的理论与实践研究。陈浩明等[33]采用三维植被网护坡技术，对台山核电厂淡水水源地左右坝肩进行了生态防护，取得了良好的防护效果。钟春欣等[34]对三维网加筋草皮坡面土壤抗侵蚀机理进行了试验研究；结果表明，加筋草皮可显著减少坡面径流的侵蚀模数。刘晓路等[35]对三维网指标合理选择问题，进行了理论推导和试验研究。顾晶[36]将三维网喷播植草技术应用于广州—惠州萝岗段高速公路岩质边坡生态恢复与重建，取得了良好的治理效果。蹇华雄等[37]对三维植被网喷播技术的材料要求及施工质量控制检验指标进行了说明；指出，在应用该技术时，材料的物理力学性能及基材的配比要求必须符合一定的条件。肖成志等[38]对三维土工网垫植草护坡性能和坡面径流冲刷机制开展了系统的试验研究。罗艺伟等[39]采用三维植被网植被护坡技术，对强、全风化花岗岩的岩质边坡进行生态恢复与重建；结果表明，该技术对上述所述岩质边坡具有良好的生态防护作用。

上述研究成果表明，三维网喷播技术的应用进一步推动了边坡生态恢复与重建技术的发展。但对于实际的岩质边坡工程，在应用该技术的过程中并未充分考虑边坡坡面特征、边坡岩体结构的空间几何信息、边坡高度及坡面角等因素对该技术适用性的制约，而这些因素对植被网材料选取、喷播材料配比及植物选型均具有重要影响。因此，在应用该技术之前，需对影响该技术的边坡坡面特征、边坡岩体结构的空间几何信息、边坡高度及坡面角等进行详细的调查，为植被网材料合理选用、喷播基材配比及植物选型提供依据。

2.3.1.4 厚层基材喷播技术

厚层基材喷播技术，是随着公路及矿山岩质边坡生态修复难度加大而发展起来的一种新型生态防护技术。该技术是利用空气压缩机和混喷机械组成的喷播系统，将混有适宜植物种子的种植基质喷射到需进行生态修复的边坡坡面上。种植基质中含有黏结剂，黏结剂的黏结作用和铁丝网及部分植物根系的加筋作用，可在坡面上形成一个既稳定又适宜植物生长的植生层。该技术对于施工和管理难度大的裸露岩质边坡生态恢复具有明显优势。

在厚层基材喷播技术的研究与应用方面，众多学者与工程技术人员进行了大量的理论与实践研究工作。张俊云等[40]研发出厚层基材喷射植被护坡技术，简称TBS技术（Thick-layer Base Material Spraying），TBS技术解决了岩石边坡无法生长植物的难题。张季如等[41]研制的适宜灌、草生长的ZZLS生态护坡材料具有较强的抗侵蚀能力。李义强等[42]以处于半干旱区域的京承高速三期沿线岩质边坡为研究对象，从适生植物筛选、技术适宜性评价等方面开展厚层基材喷播技术的研究工作，研究成果对指导该区域公路沿线岩质边坡植被恢复与重建具有一定的指导意义。张俊云等[43]对喷播基材的收缩恢复性开展了试验研究，研究成果为喷播材料选取及配比提供了理论依据。黄滔等[44]详细介绍了厚层基材喷播技术的施工过程，并将该技术应用于邵怀高速公路沿线岩质边坡的生态防护，取得了良好的防护效果。杨悦舒等[45]以恢复生态学为理论依据，在综合分析水对水电工程区域气候、地质、水体、水文、土壤和生物影响的基础上，采用厚层喷播技术和植被混凝土技术对向家坝水电工程扰动边坡进行生态防护；结果表明，上述两种生态防护技术均取得了良好的生态景观效应。

上述学者从厚层基材喷播技术的适用条件、基材配比、基材的力学性质、植物选型、施工工艺与技术、生态防护效果等方面，开展了系统的研究工作。这些研究工作所取得的成果，促进了厚层基材喷播技术在高速公路沿线、水电工程等边坡生态重建中的应用。但在应用该技术时，同样没有充分考虑边坡岩体的岩性、坡面岩体的风化程度、岩体节理裂隙的发育程度及岩体结构面的产状对基材配比、铁丝网网格大小、网格铁丝直径、植物选型等的影响。

2.3.2 矿区边坡钻孔生态修复技术

钻孔生态修复技术的原理，是利用专业钻机在边坡上打出许多具有一定孔径、深度、方向的种植孔，在孔内种（栽）植耐瘠薄、抗干旱、耐严寒的植物，使坡面迅速恢复植被的一种边坡生态治理技术，进而解决高陡边坡绿化难的问题。

该技术的关键是打孔设备。打孔设备采用挖掘机改造成钻机，同时进行加长臂改造，改造后向上可伸高 50m 进行打孔，孔径可达 30cm，孔深可达 2.5m 以上。为保证施工的安全性，首先应清除局部高陡边坡危岩体及松动岩石，确保坡面没有松动的危石、无大的突出石块与其他杂物存在。为保证植物在坡面上可利用的有效面积达到最大化，种植孔分上、中、下 3 层在边坡坡面上进行钻孔，行距和孔距设计为 2m，呈梅花形布置。

钻孔生态修复技术具有钻孔作业设备占地面积小，工作量小，施工简单，且操作时远离植被，不会对现有植被造成破坏等优点。钻孔后，基本不会改变原岩石坡面的力学性质，亦不会形成地质灾害隐患。结合治理区边坡特点，选用种植孔绿化技术作为该处高陡岩质边坡的主要绿化方案（图 2.7）。

图 2.7　岩质边坡钻孔生态修复

目前，该技术在部分矿区岩质边坡进行了应用。但在实际调研中发现还存在以下问题：①钻孔的参数随意设置，未结合岩壁的实际情况进行调整；②种植土未进行调配，仅仅粗略添加畜禽粪便、复合肥，未结合岩壁孔内节理裂隙发育情况、所用土壤等情况进行配制；③孔内土壤通气以及所栽植植物的选择等方面亦存在不足。

2.3.3 岩面垂直绿化生态修复技术

岩面垂直绿化生态修复技术是利用岩石边坡微凹地形及坡脚，用高强度砂浆砌石、砌砖或项目区其他可利用材料，筑成槽穴状承载物，然后回填种植土栽植灌草、藤本，实现裸露岩面植被覆盖的坡面绿化技术。

岩面垂直绿化生态修复技术主要针对坡度较陡、不适合采用其他绿化方式的裸露岩体，并有效利用岩体现有或者经工程处理的坑洼和相对平坦处。该技术是在岩壁打锚杆固定，通过砌筑或清理形成植物种植空间，种植槽内充填适宜土壤后进行苗木种植，小乔木、灌木和藤本植物等均可种植，实现岩体、挡墙绿化和生态修复的技术措施。它是在普通垂直绿化基础上的技术延伸，结合工程措施在岩体或者挡墙上部或中部种植攀缘植物的容器大苗，改变了以往只在下部种植攀缘植物的模式。

坡面种植槽穴点位置的选择需依据坡面的微地形来确定。选在凹处砌筑有利于种植槽穴的稳固和承接坡面汇流，增加水分和养分，利于植物生长，而且绿化效果贴近自然，视觉效果好。在满足稳定性要求的情况下，坡面种植槽穴应根据微地形尽可能做大一些，以保证植物的正常生长，达到良好的绿化效果。回填土质量的高低，直接关系到槽穴内植物生长的好坏。在客土内混合一定量的保水剂、有机肥等，有利于提高其保水抗旱性能和肥力。植物以藤本和地被为主，注意选用当地乡土植物。合适位置也可选用抗旱、根系发达的乔、灌木。施工结束后立即浇水，保证苗木成活对水分的需求；需要对种植槽内浇灌返青水和冻水，遇天气持续干旱需适度人工补水；注意观察槽壁的稳定性，对内部生长量过大的植物进行适度控制修剪。该技术最大的缺点是投入成本高、工期长。该技术适合于高陡边坡工程绿化，投资相对较高。施工前应确保坡面必须稳定，并清除坡面杂物和浮石，注意保留坡面原有植被。对于陡直坡面，一定需要注意空中施工安全，并在施工范围外围拉安全警戒线。砌筑材料尽量就地取材，实现综合利用，降低成本；同时，要考虑地区气候条件，尤其是冻融交替的影响（图 2.8）。

图 2.8　岩质边坡种植槽生态修复

在实际工程应用中，由于立地条件不同，岩面垂直绿化常会有不同的技术应用形式：

1）微地形筑槽法，直接在坡面微凹处用高强度水泥砂浆砌石建造种植槽穴，回填客土后栽种植物，进行植被恢复。

2）微地形与锚杆结合法，在表面光滑的坡面微凹处打入锚杆，利用锚杆的支撑砌筑种植槽穴，回填客土栽种植物。

3）直接打锚杆筑槽法，在平整光滑的石壁上直接打入锚杆，然后用高强度砂浆浇筑种植槽穴，回填客土后栽种植物。

岩面垂直绿化生态修复技术能够应用在其他绿化方式不能复绿的区域，其实现生态修复的成本低、见效快，具有其他模式不可替代的作用，在条件恶劣的废弃矿区显得尤为重要。该技术适用于开挖石质稳定边坡，一般适用坡度为 75° 以上的高陡坡面，其不足之处是投入成本相对较高、工期长。

2.4 矿区植物品种配置及种植技术

矿山废弃地植被恢复是矿山废弃地生态系统的修复和重建的基础。因此，植物物种选配和种植技术的探索，一直是矿山废弃地植被恢复的研究热点。目前，针对不同类型矿山废弃地适宜物种的选择已有大量研究。其中，豆科、菊科、禾本科植物是矿山废弃地生态修复的先锋物种，具有很强的适应性，对改善土壤理化性质和营养状况效果明显，尤其是具有根瘤和茎瘤的一年生豆科植物，是理想的先锋物种；水蜡烛、假俭草等草本植物对铜矿废弃地具有优良适应性；禾本科和茄科对铅锌矿山废弃地具有较好的适应性。Burton et al.[46]、胡振琪等[47]、安俊珍[48]都对矿山废弃地植被恢复过程中适宜植物群落组成以及合理种植密度进行了研究。赵方莹[49]对北京首云铁矿矿山废弃地植被恢复物种配置方式进行研究，结果表明，拟自然的配置方式，实行乔灌草复层混交，可以有效提高植被覆盖率、土壤肥力以及恢复植被生物多样性。另外，对于土壤水分相对缺乏的矿山废弃地，可采用容器苗造林技术、保水剂技术、ABT 生根粉技术、保水剂技术等各类抗旱栽植技术。生物技术大量被应用于促进矿山废弃地植被恢复植被成活技术中，实践证明，AM 菌根能够促进植物对养分的吸收，提高植物抗逆性；在矿山废弃地酸性土壤中植入根瘤菌和种植乡土豆科植物，可以使得恢复植被的成活率显著提高。

3 矿区生态评价指标体系构建及评价方法

随着我国社会经济迅速发展，矿山建设与生产活动的强度和规模持续增加，矿区生态环境问题的积累严重，导致矿区生态修复工作难度增大。及时并有效评价矿区生态环境，对指导矿区生态修复工作具有重要意义，但在矿区生态环境评价标准、方法及指标体系的选取方面，各位学者存在较大分歧。此外，在矿区生态修复效果评价方面也亟须结合生态学、岩土工程、景观学、环境学等学科，构建一套指标体系和评价体系。

3.1 矿区生态评价基本原则

矿区生态现状评价与修复效果评价指标体系的构建，应遵循以下基本原则：

1）科学性原则。指标的选取要考虑理论上的完备性、科学性和正确性，指标概念必须明确，权重系数的确定应科学合理，避免众多指标的简单罗列。

2）目的明确原则。选取的指标必须目的明确，能反映相关的内容，而不能将与评价对象、评价内容无关的指标也选择进来。

3）综合分析原则。影响矿区生态环境的因素很多，各矿区环境问题均由多种因素共同作用而造成，不同矿种、不同开采方式造成的矿区生态环境破坏不同，修复效果的评价不同。因此，采取综合分析原则，确定相关联的因子作为评价指标因子，才能较客观地反映矿区生态环境破坏情况与修复效果。

4）整体性原则。选择的指标要尽可能覆盖评价的内容。如果有所遗漏，评价就会出偏差。比较全面的另一种说法是具有代表性，所选的指标确实能反映要评价的内容，虽然不是全部，但代表了某一侧面。

5）可操作性原则。随着无人机、遥感技术的成熟，在评价中应多采取相关的指标，这类指标容易获取、现势性强。比如，通过利用长序列遥感数据，可以了解矿山开采前、开采中、开采后矿山环境的变化。总之，评价指标的选择要做到容易获取，所需费用较低。

3.2 矿区生态现状评价指标体系

3.2.1 矿区生态现状评价指标体系构建

矿山生态现状评价主要考虑环境污染、生态破坏、土地损毁及工业场地占用等方面。根据矿山种类不同，实际评价工作中对相应指标应进行调整（图 3.1）。

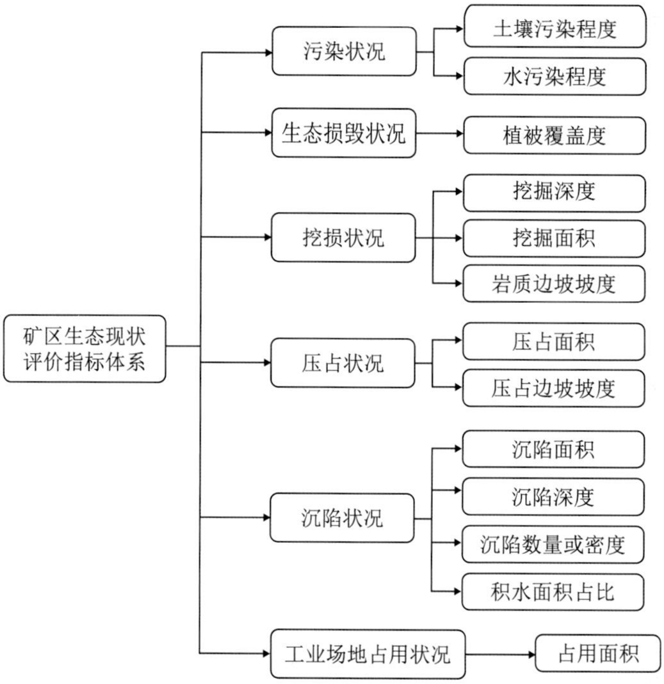

图 3.1 矿区生态现状评价指标体系

3.2.2 矿区生态现状评价指标解析

3.2.2.1 污染状况评价指标解析

（1）土壤污染程度

矿区大量开采时，产生大量废弃物破坏周边环境。其中，最应受到关注的是重金属元素污染。重金属元素一旦迁移至周边环境，就有直接或间接进入食物链的可能，从而严重威胁人类健康。因此，有必要对该矿区土壤环境重金属元素污染现状进行评价。根据全国及河北省土壤背景值并结合实际情况，选取镉（Cd）、铬（Cr）、铜（Cu）、铅（Pb）、锌（Zn）5 种影响较大的重金属元素进行评价。

对矿区重金属元素污染的生态风险评价，选用单因子指数法评价每种重金属元素的累积污染程度，选用内梅罗综合污染指数法对矿区各种重金属元素污染程度进行综合评价。

单因子指数法按以下公式计算：

$$P_i=C_i/S_i \tag{3.1}$$

式中：P_i 为尾矿中污染物 i 的环境质量指数；C_i 为污染物 i 的实测浓度，mg/kg；S_i 为 i 种重金属的土壤环境质量标准（GB15618—2018）中二级质量标准，mg/kg。

内梅罗综合污染指数法，按以下公式计算：

$$P_{综合}=\sqrt{\frac{[(\overline{P_i})^2+(P_i)^2_{\max}]}{2}} \tag{3.2}$$

式中：$P_{综合}$为综合污染指数；$\overline{P_i}$为样品中各污染物的指数平均值；$(P_i)_{\max}$ 为样品中单项污

染物的最大污染指数。

土壤重金属污染评价等级标准，如表 3.1 所示。

表 3.1　土壤重金属污染评价等级

内梅罗综合污染指数	污染等级
$P_{综合} \leqslant 1.0$	无（轻度）
$1.0 < P_{综合} \leqslant 3.0$	中度
$P_{综合} > 3.0$	重度

（2）水污染程度

矿区的废水污染物主要包括总溶解固体（TDS）、有机物与油类等物质，而最主要的污染物是悬浮物。将这些水染污物在未经任何处理的情况下排出，会使附近的良田土壤受到严重的污染，影响农作物的收成，也会使河道导致堵塞，水体也容易失去自洁能力。值得一提的是，油类污染物会在水体表面覆盖一层薄膜，这样空气中的氧气便很难进入到水体，加重水体的受污染情况。此外，露天矿中很多有毒有害且可溶解的重金属物质，在自然降水的冲刷下能够得以溶解，此后便会形成一股污染流，逐渐深入矿区的整体水系统，将矿区的水体进行污染。数据来源于取样实测，样点一般取 3 ~ 5 个，结果取平均值，污染程度以多项指标最重的污染程度为准（表 3.2）。

表 3.2　水污染分级表

评价指标	轻度	中度	重度
TDS、有机物与油类含量 /（mg/L）	1000 ~ 2000	2000 ~ 5000	> 5000
重金属含量 /（mg/L）	0.5 ~ 1.0	1.0 ~ 2.0	> 2.0

3.2.2.2 生态损毁状况评价指标解析

植被覆盖度（fractional vegetation cover，FVC）是指包括乔、灌、草和农作物在内的所有植被的冠层、枝叶在生长区域地面的垂直投影面积，占研究区域总面积的百分比，是评价水土保持、水土流失、土地荒漠化、生态环境等的重要因子。由于河北省各地的气候、温度、降水、湿度、土壤等自然条件不同，使得矿区周边的植被覆盖度存在很大的差异。因此，选取与周边的植被覆盖度的比值作为评价指标，具体分级如表 3.3 所示。

表 3.3　植被覆盖度分级表

评价指标	重度	中度	轻度
占周边植被覆盖度比例	< 30%	30 ~ 60%	< 60%

参照第 4 章中植被覆盖度的计算方法进行计算。通过遥感影像或实测无人机正射影像数据，通过 ENVI 软件、ArcGIS 软件计算获得。将植被覆盖度与周边的植被覆盖度比较，进行分级评价。

3.2.2.3 挖损状况评价指标解析

（1）挖掘深度

地表高程变化量（挖掘前地表高程与挖掘后地表高程的差值），可通过传统测量的方法获取，也可以通过无人机倾斜摄影测量的方法获取（表 3.4）。

表 3.4　挖掘深度指标表

评价指标	重度	中度	轻度
地表高程变化量 /m	＞ 10	5 ~ 10	＜ 5

（2）挖掘面积

挖掘面积（挖损破坏地表的水平投影面积），可通过传统测量的方法获取，也可通过无人机倾斜摄影测量的方法获取（表 3.5）。

表 3.5　挖掘面积指标表

评价指标	重度	中度	轻度
挖掘面积 /hm^2	＞ 100	50 ~ 100	＜ 50

（3）岩质边坡坡度

挖损后形成的岩质边坡的地表坡度，可通过传统测量的方法获取，也可通过无人机倾斜摄影测量应用 ArcGIS 软件中空间分析中的坡度计算公式获取（表 3.6）。

表 3.6　岩质边坡坡度指标

评价指标	重度	中度	轻度
岩质边坡坡度	＞ 65°	25° ~ 35°	＜ 25°

3.2.2.4 压占状况评价指标解析

（1）压占面积

地表压占是资源开发过程产生的大量固体废弃物占用地表，固体废弃物一般为松散岩土体。压占面积可通过传统测量的方法获取，也可通过无人机倾斜摄影测量的方法获取（表 3.7）。

表 3.7　压占面积指标表

评价指标	重度	中度	轻度
压占面积 /hm^2	＞ 5	1 ~ 5	＜ 1

（2）压占边坡坡度

矿产资源开发过程产生的压占物形成的压占边坡角度，可通过传统测量的方法获取，也可通过无人机倾斜摄影测量的方法获取（表 3.8）。

表 3.8　压占边坡坡度指标表

评价指标	重度	中度	轻度
压占边坡坡度	＞ 35°	25° ~ 35°	＜ 25°

3.2.2.5 沉陷状况评价指标解析

（1）沉陷面积

沉陷（塌陷）是指地下采矿引起岩层移动和地表沉陷的现象和过程。沉陷面积通过传统测量的方法获取或通过无人机倾斜摄影测量的方法获取（表 3.9）。

表 3.9　沉陷面积指标表

评价指标	重度	中度	轻度
面积 /hm^2	＞ 5	1 ~ 5	＜ 1

（2）沉陷深度

深陷深度是指采矿引起岩层移动和地表沉陷的垂直距离，可以通过与周边地表的测量对比得到相关数据（表 3.10）。

表 3.10　沉陷深度指标

评价指标	重度	中度	轻度
深度 /m	> 0.5	0.2 ~ 0.5	< 0.2

（3）积水面积占比

积水面积占比是指沉陷（塌陷）引起的地表积面积与破坏总面积的比值，可通过传统测量的方法获取，也可通过无人机倾斜摄影测量的方法获取（表 3.11）。

表 3.11　积水面积占比指标

评价指标	重度	中度	轻度
积水面积占比	> 50%	20% ~ 50%	< 20%

3.2.2.6 工业场地占用状况评价指标解析

开采矿山生产系统和辅助生产系统服务的地面建筑物、构筑物及有关设施的场地占用，主要包括工业广场建设压占、矿山道路路基压占、炸药库修建平台压占。工业场地占用面积，可通过传统测量的方法获取，或通过无人机倾斜摄影测量的方法获取（表 3.12）。

表 3.12　工业场地占用指标

评价指标	重度	中度	轻度
工业场地占用面积 /hm^2	> 30	10 ~ 30	< 10

以上指标的参考值及分类仅供参考，可根据矿种不同、开采方式不同的实际情况进行调整。

3.3 矿区生态效果评价指标体系

3.3.1 矿区生态效果评价指标体系构建

评价指标的选取合理与否，直接影响到评价的结果。评价从一个方面反映了评价对象的某些信息，如何正确地、科学地使用这些信息，就是综合评价需要处理的问题。只有建立科学合理的评价指标体系，才能得出科学合理的评价结果。

为了保证所构建的评价体系对矿区生态修复效果评价的适用性，在矿山生态修复工程的基础上，结合生态修复目标及生态学理论，确定了环境经济评价指标（可选）和土壤肥力评价指标、土壤重金属污染评价指标、植被覆盖度评价指标、地质灾害治理评价指标、施工设计执行度评价指标、植物群落与周边环境协调评价等指标，如图 3.2 所示。

定性指标可通过评判的方式将其进行量化。根据各评价指标对于生态修复效果的优劣程度及其对应的标准区间，可以将指标等级划分为优、良、中、差 4 个等级，如表 3.13 所示。

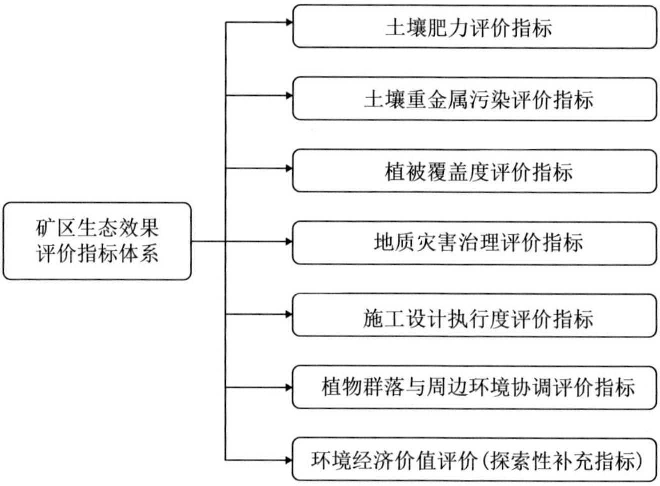

图 3.2　矿区生态效果评价指标体系

表 3.13　评价指标等级划分表

评价等级	矿区生态修复效果
优	完全满足目标
良	较好满足目标
中	基本满足目标
差	无法满足目标

3.3.2 矿区生态效果评价指标解析

3.3.2.1 土壤肥力评价指标

参考全国第二次土壤普查推荐的土壤肥力分级，依据矿山土壤肥力的实际情况，将土壤肥力评价指标进行重新分类，见表 3.14。

表 3.14　土壤肥力分级评价指标

等级	全氮含量（g/kg）	速效氮含量（mg/kg）	速效磷含量（mg/kg）	速效钾含量（mg/kg）	有机质含量（g/kg）
一级	＞ 2.0	＞ 150	＞ 40	＞ 200	＞ 40
二级	1.5 ~ 2.0	120 ~ 150	20 ~ 40	150 ~ 200	30 ~ 40
三级	1.0 ~ 1.5	90 ~ 120	10 ~ 20	100 ~ 150	20 ~ 30
四级	0.7 ~ 1.0	60 ~ 90	5 ~ 10	50 ~ 100	10 ~ 20
五级	0.5 ~ 0.7	30 ~ 60	3 ~ 5	30 ~ 50	6 ~ 10
六级	＜ 0.5	＜ 30	＜ 3	＜ 30	＜ 6

结合矿山实际情况，矿山生态修复治理后的用地类型，将评价指标分为耕地（园地）、林、草地评价分级指标。

根据耕地（园地）特点，将耕地（园地）分为四级，全氮、速效氮、速效磷、速效钾、有机质 5 项指标全部达到相应的级别，才能评定为该级别，见表 3.15。

表 3.15 耕地肥力分级评价指标

等级	全氮含量（g/kg）	速效氮含量（mg/kg）	速效磷含量（mg/kg）	速效钾含量（mg/kg）	有机质含量（g/kg）
优（90 ~ 100 分）	> 2.0	> 150	> 40	> 200	> 40
良（75 ~ 89 分）	1.0 ~ 2.0	90 ~ 150	10 ~ 40	100 ~ 200	20 ~ 40
中（61 ~ 74 分）	0.5 ~ 1.0	30 ~ 90	3 ~ 10	30 ~ 100	6 ~ 20
差（60 分以下）	< 0.5	< 30	< 3	< 30	< 6

根据林、草地特点，将林、草地分为四级，全氮、速效氮、速效磷、速效钾、有机质 5 项指标，只要有 3 项达到相应的级别即可，见表 3.16。

表 3.16 林、草地肥力分级指标

等级	全氮含量（g/kg）	速效氮含量（mg/kg）	速效磷含量（mg/kg）	速效钾含量（mg/kg）	有机质含量（g/kg）
优（90 ~ 100 分）	> 1.50	> 120	> 20	> 150	> 30
良（75 ~ 89 分）	0.75 ~ 1.50	60 ~ 120	5 ~ 20	50 ~ 150	10 ~ 30
中（61 ~ 74 分）	0.50 ~ 0.75	30 ~ 60	3 ~ 5	30 ~ 50	6 ~ 10
差（60 分以下）	< 0.50	< 30	< 3	< 30	< 6

土壤肥力取样个数，根据矿区大小确定。通常每个矿区取样 3 ~ 5 个，最终以样品相应指标的平均值进行评价。评价等级内评分，根据线性内差法计算。

土壤肥力指标的数据，通过便携式土壤养分速测仪现场取样快速获得。

3.3.2.2 土壤重金属污染评价指标

对矿区重金属污染的生态风险评价，选用单因子指数法评价每种重金属元素的累积污染程度，选用内梅罗综合污染指数法对矿区各种重金属污染程度进行综合评价，见表 3.17。具体计算公式，详见上节。

表 3.17 林、草地土壤重金属污染评价指标体系

综合污染指数	污染等级	污染程度	评价等级
$P_{综合} \leqslant 1.0$	0	无污染	优（90 ~ 100 分）
$1.0 < P_{综合} \leqslant 2.0$	1	轻度污染	良（75 ~ 89 分）
$2.0 < P_{综合} \leqslant 3.0$	2	中度污染	中（60 ~ 74 分）
$P_{综合} > 3.0$	3	重度污染	差（60 分以下）

土壤重金属污染指标的数据，通过便携式土壤养分速测仪现场取样快速获得，可以快速检测镉（Cd）、铬（Cr）、铜（Cu）、铅（Pb）、锌（Zn）5 种重金属含量。

土壤重金属污染取样个数，根据矿区大小确定，通常每个矿区取样 3 ~ 5 个，最终以样品相应指标的平均值进行评价。评价等级内评分，根据线性内插法计算。

3.3.2.3 植被覆盖度评价指标

植被覆盖度是衡量地表植被生长状况的一个最重要的指标，是对生态系统进行描述的重要基础数据，对评价废弃矿山绿化修复效益具有重要意义。

获取方法：①数据来源：近期遥感影像，基于无人机测量成果——正射影像；②计算方法：利用 ENVI 软件、ArcGIS 软件等，采用盖度分类方法提取正射影像的植被覆盖度。

矿山所在区域植被覆盖度与地理位置、气温、降水、人类活动等条件有关，各地植被覆盖度相差较大。因此，植被覆盖度评价应考虑与周边环境的协调性。评价等级内评分，根据线性内插法计算，见表 3.18。

表 3.18　植被覆盖度评价指标

优（90 ~ 100 分）	良（75 ~ 89 分）	中（61 ~ 74 分）	差（60 分以下）
超过或达到周边原始地貌植被覆盖度 80% 以上	达到周边原始地貌植被覆盖度的 65% ~ 80%	达到周边原始地貌植被覆盖度的 50% ~ 65%	低于周边原始地貌植被覆盖度的 50%

3.3.2.4 地质灾害消除情况评价指标

地质灾害防治是矿山生态修复的首要任务。矿区地质灾害隐患是否得到合理处置，地质灾害处置措施是否合理，是矿山生态修复效果评价的重要组成部分。

获取方法：现场核查矿区地质灾害处置情况，根据处置结果，按照评价指标进行定量打分获取，见表 3.19。

表 3.19　地质灾害消除情况评价指标

优（90 ~ 100 分）	良（75 ~ 89 分）	中（61 ~ 74 分）	差（60 分以下）
所有地质灾害隐患得到合理处置，地质灾害处置措施科学合理	所有地质灾害隐患得到合理处置，地质灾害处置措施基本合理	大部分地质灾害隐患得到合理处置，地质灾害处置措施科学基本合理，个别危害较小的地质隐患未得到处置	某些地质灾害隐患未处理，地质灾害处置措施不合理

3.3.2.5 施工设计执行情况评价指标

施工设计执行情况主要是考查矿山生态修复过程中是否按照设计内容进行施工、管理，主要从招投标、施工、监理资料是否齐全及验收质量等方面进行考查。

获取方法：核查施工过程相关文档资料、支付记录等，见表 3.20。

表 3.20　施工设计执行情况评价指标

优（90 ~ 100 分）	良（75 ~ 89 分）	中（61 ~ 74 分）	差（60 分以下）
招投标、施工、监理资料齐全，严格执行设计方案，验收质量优	招投标、施工、监理资料齐全，严格执行设计方案，验收质量良	招投标、施工、监理资料较齐全，能够执行设计方案，验收质量中	招投标、施工、监理资料不全，与设计方案相差较大或验收质量差

3.2.2.6 植物群落与周边环境协调性评价指标

矿区生态修复强调整体性和系统性，生态修复方向应符合区域自然地理与生态特征，修复措施应符合因地制宜原则，所选择的植被种群与矿区周边区域的植被种群相协调，不能有入侵物种，不能过度治理。现场核查，定性评价，见表 3.21。

表 3.21　植物群落与周边环境协调性评价指标表

优（90 ~ 100 分）	良（75 ~ 89 分）	中（61 ~ 74 分）	差（60 分以下）
生态修复措施符合因地制宜原则，所选植被种类丰富，所选择的植被种群与矿区周边区域的植被种群相协调，不存在入侵物种，不存在过度治理	生态修复措施符合因地制宜原则，所选植被种类较丰富，所选择的植被种群与矿区周边区域的植被种群基本相协调，不存在入侵物种	生态修复措施基本符合因地制宜原则，所选植被种类不太丰富，所选择的植被种群与矿区周边区域的植被种群基本相协调，基本不存在入侵物种	生态修复措施不符合因地制宜原则，所选植被种类单一，所选择的植被种群与矿区周边区域的植被种群不太协调，存在入侵物种

3.3.2.7 环境经济价值评价指标

生态修复的环境经济价值，主要从拦蓄保护水资源价值、保护改良土地资源价值、森林固碳制氧价值和净化空气价值等方面进行考查。

获取方法：采取直接市场评价法、替代市场评价法和意愿调查价值评价法相结合的方式。

3.4 矿区生态评价方法的确定

综合评价方法是指，将多个用于说明评价目标各个方面且量纲不同的因素，转变成无量纲的评价指标，并将转变后的评价指标综合考虑得出对评价对象的一个全面评价的方法。目前，综合评价方法的种类较多，评价方法不同，其用于评价的对象也不尽相同。常用的综合评价方法主要有德尔菲法、主成分分析法、层次分析法、模糊综合评价法、AHP-模糊综合评价法等。

AHP-模糊综合评价法是利用层次分析法来确定各指标的权重，再利用模糊综合评价法确定各指标的隶属度，从而对目标进行定量评价的一种方法。该方法将两种方法的优点进行了很好的结合，同时又避免了二者的某些缺点。AHP-模糊综合评价法的主要模型，如图 3.3 所示。

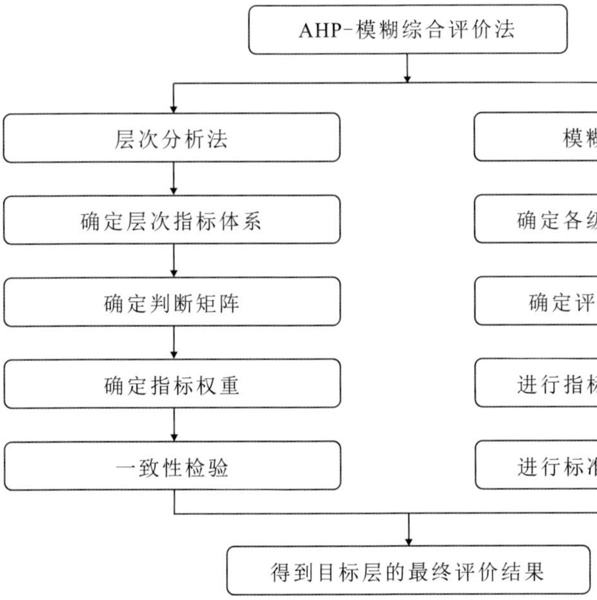

图 3.3　AHP-模糊综合评价法

露天矿山生态修复效果评价体系是由多指标构成的评价体系。如何解决各指标间的不相容问题，将是检验评价体系是否准确、合理的重要影响因素之一，部分综合评价方法也并不适合此对象。根据评价对象的不同，德尔菲法、主成分分析法、层次分析法、模糊综合评价法、AHP-模糊综合评价法适合的问题也各不相同。各方法特点，如表 3.22 所示。

表 3.22　常用综合评价方法特点比较

评价方法	特　点
德尔菲法	广泛收集意见，避免个人意见对结果的影响，但过程复杂，较为费时
主成分分析法	减少评价指标选择工作，计算量小，但主成分指标易模糊
层次分析法	逐层分解评价对象，计算简便，但指标选择较为严苛
模糊综合评价法	将定性的问题定量化，但无法避免各指标间的重复
AHP–模糊综合评价法	将层次分析法和模糊综合评价法的优点结合，计算结果更加科学化、系统化

综合考虑以上几种常用评价方法，最终选用 AHP–模糊综合评价法作为露天矿山生态修复效果评价的方法。这主要是因为在露天矿山生态修复效果评价的指标中，定量指标和定性指标同时存在，采用 AHP–模糊综合评价法可以将定性的指标定量化，合理给定各指标的权重，使得评价结果更加准确、合理。同时，考虑到露天矿山生态修复效果的动态性，各评价指标也会随时间而改变，而 AHP–模糊综合评价法可以很好地解决评价对象时效性的问题。

3.4.1 应用层次分析法，确定评价指标权重

层次分析法的应用步骤通常为：建立递阶式层次指标结构，构建判断阵矩并确定各指标权重，一致性的检验等。

3.4.1.1 建立递阶式层次指标结构

首先把问题层次化，将复杂的问题按照一定的逻辑关系，划分为由不同指标构成的若干层次。对上层要素的评价，由对隶属于它的若干下层要素综合评价得到。上层要素是下层要素的准则，各层次由高到低逐级向下，形成自上而下的递阶式层次结构。层次结构一般可分为目标层、准则层、指标层。最高层——目标层（A），通常只有 1 个指标，即所研究问题的理想预定目标；中间层——准则层（B），由若干个指标组成，即实现预定目标所包含的中间环节；最低层——指标层（C），由为实现预定目标的各项具体措施、决策方案组成，即方案层或者措施层（图 3.4）。

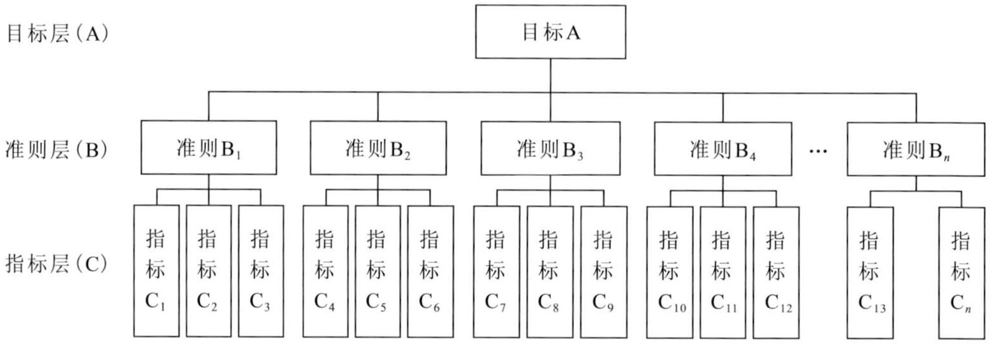

图 3.4　递阶式层次指标结构示意图

递阶式层次指标结构中的层次数，由目标或者研究问题的复杂程度决定。层次数不受限制，但每层次中各要素所支配的指标数一般不超过 9 个。指标数越多，意味着两两比较的判断矩阵构建则越困难。

3.4.1.2 构建判断矩阵并确定各指标权重

判断阵矩即排序比较的过程，是指对各层次指标两两之间进行相互比较，以其所属上一层次指标为前提，确定每项指标所占的权重。通常通过邀请相关领域专家，选用标度值对每一层次各个指标的相对重要性赋值，从而将定性问题定量化，形成判断矩阵。判断矩阵中标度值的定义，见表 3.23。

表 3.23　标度值及其含义

标度值	含　义
1	u_i 与 u_j 具有同等重要性
3	u_i 比 u_j 稍微重要
5	u_i 比 u_j 明显重要
7	u_i 比 u_j 强烈重要
9	u_i 比 u_j 极端重要
2，4，6，8	两标度值之间的中间值
倒数	u_i 与 u_j 比较，则 $u_{j1}=1/u_{ij}$

例如，考察准则层和目标层的相对重要性，对 B_1、B_2、B_3…B_n 就目标 A 的相对重要性进行两两比较判断，可得 *A–B* 判断矩阵，如表 3.24 所示。

表 3.24　*A–B* 判断矩阵标度取值及含义

目标 A	B_1	B_2	B_3	…	B_n
B_1	1	b_{12}	b_{13}	…	b_{1n}
B_2	b_{21}	1	b_{23}	…	b_{2n}
B_3	b_{31}	b_{32}	1	…	B_{3n}
⋮	⋮	⋮	⋮	1	⋮
B_n	b_{n1}	b_{n2}	b_{n3}	…	1

3.4.1.3 层次单排序及一致性检验

判断矩阵 *A–B* 构建之后，要运用相应的方法求解判断矩阵，从而得出同一层次的各个指标相对于其所属的上层指标的重要性权重，并进行排序。这一过程被称为层次指标的单排序。

（1）将判断矩阵按行分别相加

$$w_i = \sum_{j=1}^{n} \frac{b_{ij}}{n} \tag{3.3}$$

式中，b_{ij} 判断矩阵 *A–B* 的元素值 i，j=1，2，3，…n 。

得到列向量：$W=(w_1, w_2, \cdots, w_n)^T$，并将所得的列向量进行归一化处理。

（2）进行一致性检验

首先，计算判断矩阵的一致性指标（C_I）：

$$C_I = \frac{\lambda_{\max} - n}{n-1} \tag{3.4}$$

式中：$\lambda_{\max}$ 为判断矩阵的最大特征根。

其次，计算一致性比例（C_R）：

$$C_R = \frac{C_I}{R_I} \tag{3.5}$$

式中：R_I 为平均随机一致性指标，取值见表 3.25。

表 3.25　平均随机一致性指标 R_I 的取值

n	1	2	3	4	5	6	7	8	9	10	11	12
R_I	0	0	0.52	0.89	1.12	1.26	1.36	1.41	1.46	1.49	1.52	1.52

当 C_R=0 时，判断矩阵是完全一致的。C_R 的值越大，意味着判断矩阵不一致程度越高。通常对于 $n \geqslant 3$ 阶的判断矩阵，当 $C_R \leqslant 0.1$ 时，可认为判断矩阵通过一致性检验；否则，要对判断矩阵中的数值进行相应的调整，再重复上述步骤，直到符合一致性要求。

在一致性检验通过后，归一化的列向量结果即为权重。

3.4.2 运用模糊评价法，进行综合评价

模糊综合评价法通常包含建立模糊评价指标集合、建立模糊评价术语集合、构建模糊隶属矩阵、结合层次分析结果确定权矩阵，合并结果并计算矩阵、进行多层次综合评价等。

（1）建立模糊评价指标集合（D）

$D = (d_1，d_2，\cdots d_n)$ 为多个评价指标集合，d_i 评价指标，$i = 1，2，\cdots，n$，n 为同一层次中指标的总数。

（2）建立模糊评价术语集合（V）

V =（v_1，v_2，…，v_m）为模糊评价术语集合，v_i 为评价等级所对应的标准，$i = 1，2，\cdots，m$，m 为等级或者评语的数量。

（3）构建模糊隶属矩阵

假定对第 i 个评价因素 d_i 进行单因素评价，则可以得到一个相对于 v_i 的程度，即隶属度。$0 \leqslant r_{ij} \leqslant 1$，隶属度越接近数值 1，则代表 d_i 属于 v_i 的程度越高，隶属度的求解借助于专家打分。若对 n 个元素都完成了评价，可以构成一个 n 行 m 列的矩阵，该矩阵即为隶属矩阵（R）。

（4）确定评价因素的权重矩阵（W）

层次分析法确定了评价指标间的相对重要性次序，每一层次所对应的权重即可以转化为权重矩阵 W=（w_1，w_2，…，w_n）^{T}，并进行归一化处理。

（5）合成结果并计算矩阵（S）

为避免用最大隶属度原则处理时，在特殊情况下引起的信息损失和结果失真，将权矩阵（W）与各被评对象的隶属矩阵（R）进行合成运算，得到各被评对象的评价结果向量（S）。

$$S = W \cdot R = (w_1,\ w_2,\ \cdots\ w_n) \cdot \begin{bmatrix} r_{11} & r_{12} & \dots & r_{1n} \\ r_{21} & r_{22} & \dots & r_{2m} \\ \dots & \dots & \dots & \dots \\ r_{n1} & r_{n2} & \dots & r_{nm} \end{bmatrix} = (s_1 \quad s_2 \quad s_3 \quad s_4) \tag{3.6}$$

（6）进行多层次综合评价

以最大隶属度为准则，通过加权平均来划分目标对象的对应等级，最后得到综合评价结论。

4 河北省矿区生态现状评价

河北省是矿业大省，矿业和以矿产品为主要原料的加工产业已成为河北省国民经济和社会发展的重要支柱产业。矿产资源的开采对地貌、植被、土壤等造成严重破坏，开采过程中产生的废气（含粉尘）、废水等的排放也会对环境造成影响，引起一系列生态环境问题。及时摸清矿区生态环境现状，对矿区生态环境的科学保护、定量化管理和高效生态修复具有重要意义。

4.1 矿业开发对矿区生态的影响

4.1.1 矿业开发过程对矿区生态的影响

矿产开发主要通过以下 3 个过程影响矿区的生态。

1）矿产资源开采过程对矿区生态环境造成影响。开采活动对矿区土地造成挖损破坏（例如，露天开采会直接毁坏地表土层和植被，地下开采会导致地面塌陷），从而引起土地和植被的破坏。

2）废弃物的堆积过程对矿区生态环境造成影响。矿山开采过程中产生的废弃物（如尾矿、矸石等）造成的大面积压占，进而导致矿区土地的过量占用和对堆置场原有生态系统的破坏。

3）矿物及废弃矿物转移过程对矿区生态环境造成影响。矿区内部污染物迁移，矿山废弃物中的酸性、碱性、毒性成分，通过径流和大气飘尘，会破坏周围的土地、水域和大气，其污染影响面将远远超过废弃物堆置场的地域和空间。

4.1.2 矿业开发对矿区生态的影响

矿业开发后，矿区生态环境会在生态系统层次上具有如下 3 种特征类型：一是景观破坏型特征，主要表现在矿业开发对矿区地貌特征的影响；二是环境质量破坏型特征，主要表现在矿业开发对矿区内土质、水质，甚至大气质量的影响；三是生态型破坏特征，主要表现在矿业开发对矿区内原有生物群落的破坏，以及对当地生物群落的严重破坏甚至摧毁。一般而言，矿业开发后矿区生态环境会同时出现上述 3 种特征。

矿业开发对矿区生态环境的影响主要表现在以下几个方面。

4.1.2.1 矿业开发对矿区地貌和景观的影响

开采矿产资源必然要占用和破坏土地，这是由矿藏的赋存条件决定的。占用土地有 4

种情况：一是“挖损”，即露天采矿的采场；二是“压地”，包括废石场、尾矿库；三是“塌陷”，即地下开采因采出矿石而形成采空区，使地面塌陷或出现裂缝；四是“占用”，包括矿山建筑、民用建筑和道路等。

采矿需要大量的动土工程，其过程中产生的矿山废渣和工业垃圾，特别是露天矿场，不仅占用了大量的土地和农田，同时还破坏了植被和生态景观。露天采场主要是露天开采的非金属建材类矿山和铁矿山。露天采场对原生的地形地貌破坏程度大，改变了原有的地形地貌景观，对地形地貌景观影响严重；在倾角较陡的岩层顺层面开采形成的露天采场，在掌子面陡立的情况下，极易发生重力崩塌；石矿开采形成的掌子面，一般坡度较大，特别是早期的个体、私营小矿点开采不规范，掌子面坡度一般在 60° 以上，裸露的基岩基本没有植物生长，给后期的绿化工作带来极大的困难。据调查，国有大型矿山绿化工作扎实负责，基本实现了边开采边治理，但是掌子面的绿化技术单一，效果一般；在私营个体矿山及历史遗留矿山的治理过程中，采矿平台治理绿化效果较好；由于高陡掌子面的治理难度大，目前多未进行综合治理。对矿区地形地貌破坏很大，对地貌景观产生很大影响（图 4.1—图 4.3）。

图 4.1　某铁矿露天采坑对地貌的破坏

图 4.2　露天采场及尾矿渣对地貌景观影响

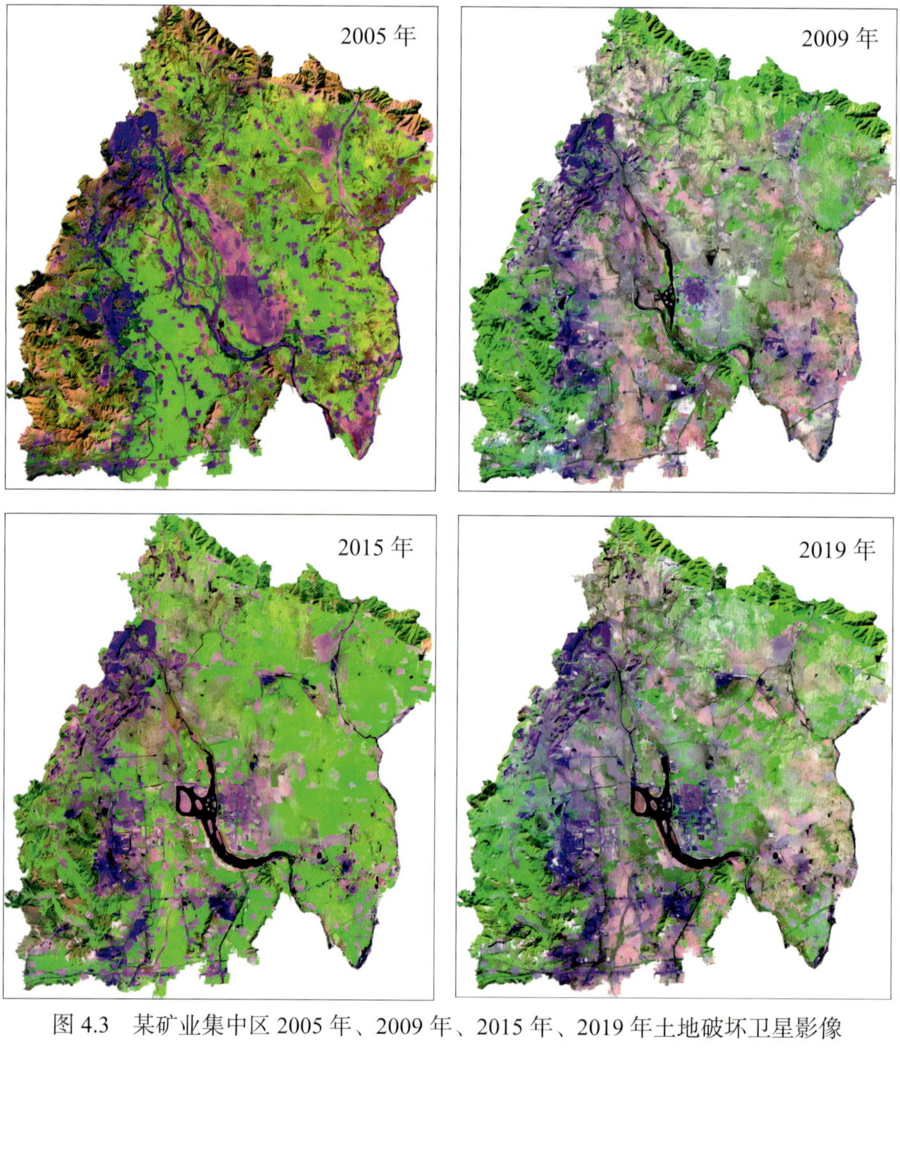

图 4.3　某矿业集中区 2005 年、2009 年、2015 年、2019 年土地破坏卫星影像

4.1.2.2 矿业开发对矿区土壤环境和性质的影响

矿业开发对土壤环境影响，主要表现在露天采矿场产生的大量固体废渣压占大量土地资源，包括煤矿、铁矿、其他金属矿山及建材类采石场的煤矸石堆、排土场、废渣堆等，对土地资源破坏严重，压占了大量土地。据不完全统计，全省矿山占用、破坏各类土地高峰期达 7 万余公顷。一些矿区因采矿活动，长期挤占了大量的土地和农田，造成农田减产甚至绝收，部分矿区水土流失、沙化严重（图 4.4，图 4.5）。

图 4.4　煤矸石堆场及铁矿排土场压占土地

图 4.5　铁矿采矿废渣压占土地

矿业开发活动的扰动，对矿区表层土壤的性质也产生极大影响。

1）土地分布参差，品级降低。实践证明，矿山基建剥离时期是水土流失的高峰阶段，侵蚀最为严重。矿区内大面积的有用土壤层会被消耗或遗弃，表土层价值普遍降低。

2）表土层杂乱，岩土混合。剥离表土或覆盖的岩石，常有 5% 的岩土混入，剥离物本身也多夹带岩石或表土，再经采剥、装载、运输等辗转过程，堆置到排土场时已很杂乱。另外，会有很小部分矿石或表外矿混入岩土。这样的混合物由于成分质量差异，对岩土利用和改造极为不利。原壤的良好层序被破坏，限制了植物生长。更重要的是，约有占总剥离量 1% 的耕壤也随同废弃了。

3）土地被侵蚀污染，带强化学性。开采后土地丧失植被或部分表土后，其抗蚀性能明显降低。径流冲刷，雨水淋滤，再受潜流与地下水侵蚀，发生化学反应，影响水质，沿途径流所至的土壤必遭污染。尤其是硫铁矿的水质及其滤清的岩十，其 pH 为 2 ~ 4，呈强酸性。铁矿的铁锈水也可致害，如土地含铁高达 11%，若与重金属置换或生物金属配合，亦会产生毒性。

4.1.2.3 矿业开发对矿区地质灾害的影响

因采矿诱发的地面塌陷、地裂缝、滑坡、崩塌直接威胁着矿区地面建筑物和人员安全，给人们的生产和生活带来程度不同的影响和危害。据不完全统计，新中国成立以来，河北省发生重大矿山塌陷、滑坡、崩塌和泥石流等地质灾害 800 多起，造成 1600 多人伤亡，直接经济损失达 20 多亿元。

采空塌陷发生在地下开采的矿山。其中，以煤、铁及化工原料采区的矿山最为常见，主要分布在：唐山开滦煤矿区，张家口下花园、蔚县煤矿区，石家庄井陉煤矿区，保定涞源多金属矿区，邢台煤、铁、石膏矿区，邯郸峰峰煤矿区、武安-涉县铁矿区等。采空塌陷是河北省矿区重要的矿山生态破坏类型之一。因矿山类型的不同，其所形成的塌陷又有所不同，主要分为以下两种类型。

1）煤矿采空塌陷：其规模大、个体规模从几百公顷至几千公顷不等。不仅改变了矿山的地面形态，影响了耕地质量，也使地面建筑物、公路、铁路及水渠等受损严重，唐山、邯郸、邢台、保定、张家口、承德等地均有大面积的采空塌陷区分布。

2）内生金属矿采空塌陷：因矿体规模较小，矿区塌陷的规模相对小，塌陷直径一般由几米至几十米，个别达数百米，但深度大，一般几米至几十米深，塌陷的发生具有突发性，不仅破坏地貌景观、植被、耕地资源，特殊情况下还会造成巨大的经济损失及人员伤亡；部分采空区塌陷坑形成后，采矿企业未采取有效措施进行治理，易成为周边建筑垃圾等废弃物填埋场，给周边环境造成二次污染（图 4.6）。

图 4.6　铁矿采空区塌陷

4.1.2.4 矿业开发对矿区大气环境的影响

在矿山生产中，氧化、风蚀作用可使废石堆、排土场、尾矿库等形成一个周期性的尘暴源。此外，矿石破碎、筛分、选矿、运输等工序环节也是重要尘源形成过程。不规范的矿业开发活动造成的大气污染一度对矿区农牧业生产造成很大影响（图 4.7）。

图 4.7　矿区尾矿库扬尘污染

4.2 矿业开发对矿区土壤养分状况影响

4.2.1 矿区土壤取样概况

4.2.1.1 矿区内土壤调查取样

（1）取样要求

排土场：边坡、顶部平台。根据覆土厚度，分层 0 ~ 40cm 或 0 ~ 60cm。

尾矿库：重点调查部位，库面、坝。

库面：主要植物类型、少见植物取土。按分层 0 ~ 20cm、20 ~ 40cm、40 ~ 60cm 分别取样，按深度分别混合样品。

每件样品最终得到 3 个重复样："S"形随机取样，5 ~ 10 个点混合为一个样品重复。四分法减至 1kg，封口袋储存（风干用）。

（2）土壤检测分析

土壤物理性质：土壤颗粒组成。

土壤化学性质：有机质含量、pH、全氮含量，速效氮、磷、钾含量。

4.2.1.2 矿区周边原始地貌调查取样

（1）取样要求

地形：边坡、平台。主要植物类型、少见植物类型取土。按分层 0 ~ 20cm，20 ~ 40cm，40 ~ 60cm 分别取样，按深度分别混合样品。

每件样品最终得到 3 个重复样："S"形随机取样，5 ~ 10 个点混合为一个样品重复。四分法减至 1kg，封口袋储存（风干）。

（2）土壤检测分析

土壤物理性质：土壤颗粒组成。

土壤化学性质：有机质含量、pH、全氮含量，速效氮含量、磷含量、钾含量。

4.2.2 矿业开发对矿区土壤养分状况影响

采集不同矿山土壤样品共 107 件，包含了原始地貌、铁矿恢复区、建材矿恢复区、煤矸石山等区域；检测了土壤有机质、全氮、速效氮、有效磷（速效磷）、速效钾等的含量，以及部分样品的颗粒组成等指标。

根据全国第二次土壤普查推荐的土壤肥力分级指标，对所取土壤样品的养分指标进行分析（表 4.1）。

表 4.1 土壤肥力分级标准

等级	有机质含量 /(g/kg)	速效氮含量 /(mg/kg)	速效磷含量 /(mg/kg)	速效钾含量 /(mg/kg)
一	＞ 40	＞ 150	＞ 40	＞ 200
二	30 ~ 40	120 ~ 150	20 ~ 40	150 ~ 200
三	20 ~ 30	90 ~ 120	10 ~ 20	100 ~ 150
四	10 ~ 20	60 ~ 90	5 ~ 10	50 ~ 100

续表

等级	有机质含量 /(g/kg)	速效氮含量 /(mg/kg)	速效磷含量 /(mg/kg)	速效钾含量 /(mg/kg)
五	6 ~ 10	30 ~ 60	3 ~ 5	30 ~ 50
六	＜ 6	＜ 30	＜ 3	＜ 30

4.2.2.1 矿业开发对矿区原始地貌区土壤养分状况影响

如图 4.8 所示，原始地貌土壤有机质中，六级和五级样点分别占了 61.54% 和 34.62%，无一~三级样点，说明在矿山周围的原始地貌土壤中土壤有机质含量偏低，土壤比较贫瘠。

如图 4.9 所示，原始地貌土壤中，速效氮六级样点数占 26.92%、五级占 11.54%；速效氮含量最高的一级样点数占 26.92%，说明原始地貌土壤中三分之二以上样点的速效氮含量尚可，大部分能满足植物生长的需要。

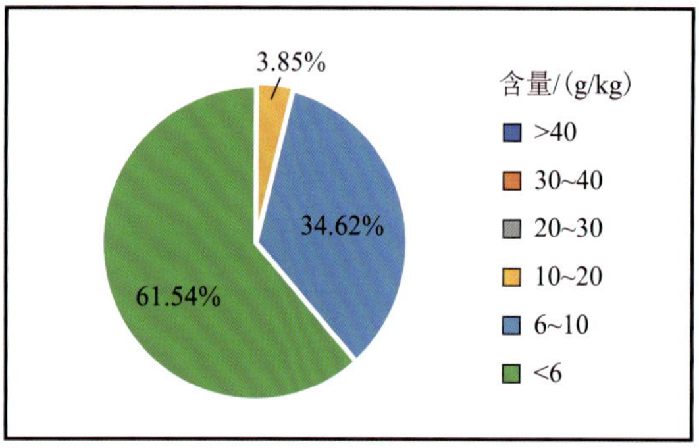

图 4.8　原始地貌区土壤有机质含量

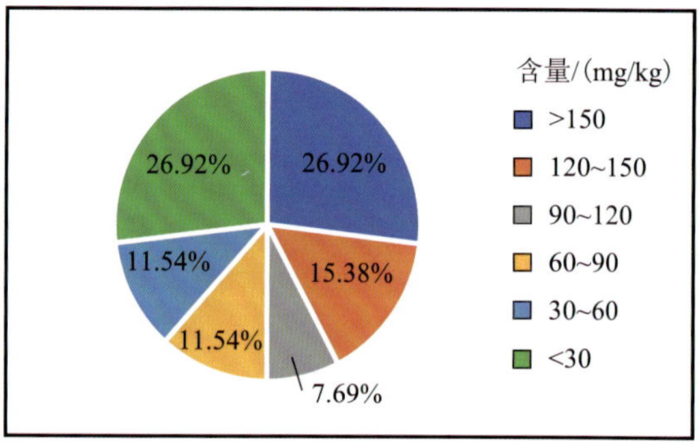

图 4.9　原始地貌区土壤速效氮含量

如图 4.10 所示，速效磷无六级和一级样点；四级和三级样点分别占到了 42.31% 和 38.46%，二级样点占比为 15.38%，说明原始地貌土壤中，速效磷含量中等，能满足植物生长的需要。

如图 4.11 所示，原始地貌土壤中，速效钾无六级样点，二级、三级、四级样点分别占 30.77%、30.77%、26.92%，说明原始地貌土壤速效钾含量尚可，能满足植物生长的需要。

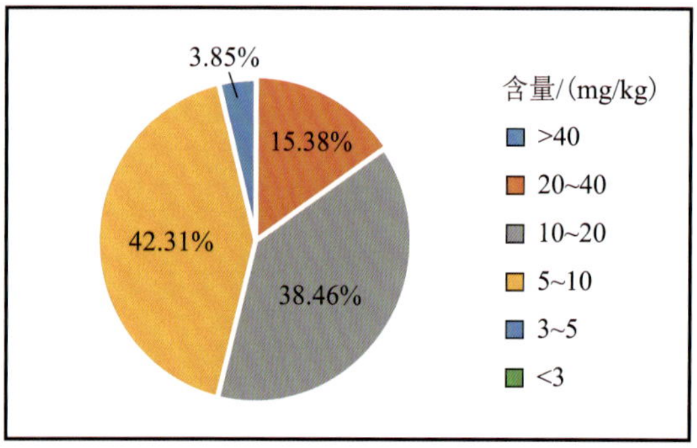

图 4.10　原始地貌区土壤速效磷含量

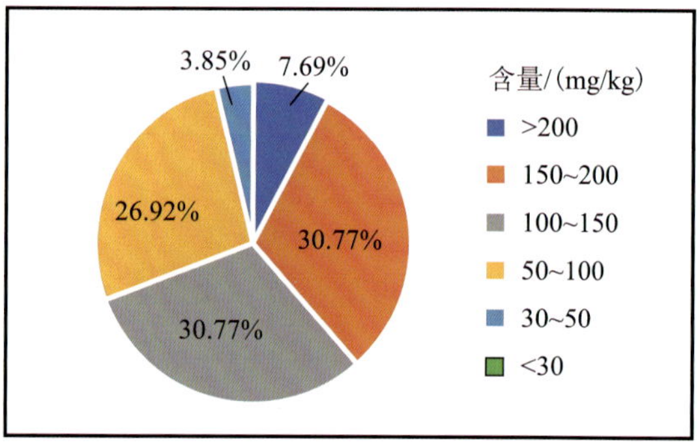

图 4.11　矿山原始地貌区土壤速效钾含量

4.2.2.2 矿业开发对铁矿区土壤养分状况影响

研究结果表明（表 4.2，图 4.12），铁矿恢复治理区有机质含量整体偏低，其中一、二、三级有机质含量水平样点数都为 0，四级样点仅占 7.50%，矿区有机质含量水平大部分属于五级水平，样点占 58.90%；肥力水平最低的六等样点数占全部样点的 33.60%，说明在铁矿恢复治理区中有机质含量严重不足。有机质的缺乏会影响恢复植物的生长状况。

如表 4.3、图 4.13 所示，铁矿恢复治理区中，土壤速效氮含量一～四级样点仅占 2.80%，五级样点占 11.20%，而土壤速效氮六级含量水平的样点数占据了 86.0%，说明铁矿恢复治理区速效氮含量严重不足。土壤速效氮含量对植物生长起决定性作用，土壤速效氮不足会导致植物缺氮，直接影响植物生长，速效氮的缺乏严重制约了铁矿区植被恢复的效果。

表 4.2 铁矿恢复治理区土壤有机质含量统计表

等级	一	二	三	四	五	六
有机质含量 /(g/kg)	＞ 40	30 ~ 40	20 ~ 30	10 ~ 20	6 ~ 10	＜ 6
样点数 / 个	0	0	0	8	63	36
占比 /%	0	0	0	7.50	58.90	33.60

表 4.3 铁矿恢复治理区土壤速效氮含量统计表

等级	一	二	三	四	五	六
速效氮含量 /(mg/kg)	＞ 150	120 ~ 150	90 ~ 120	60 ~ 90	30 ~ 60	＜ 30
样点个数 / 个	0	1	0	2	12	92
占比 /%	0	0.9	0	1.90	11.20	86.0

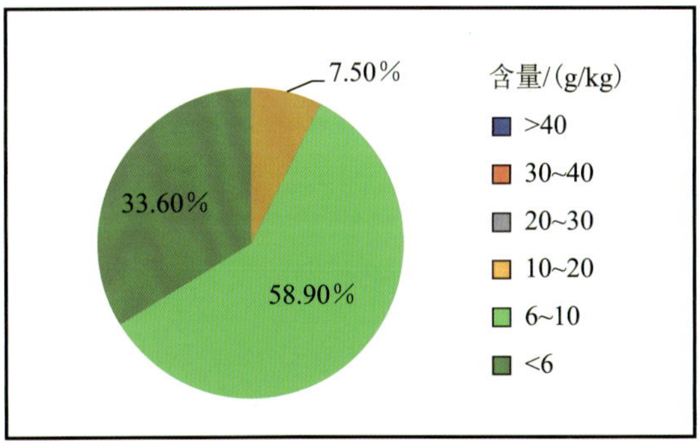

图 4.12 铁矿恢复治理区土壤有机质含量

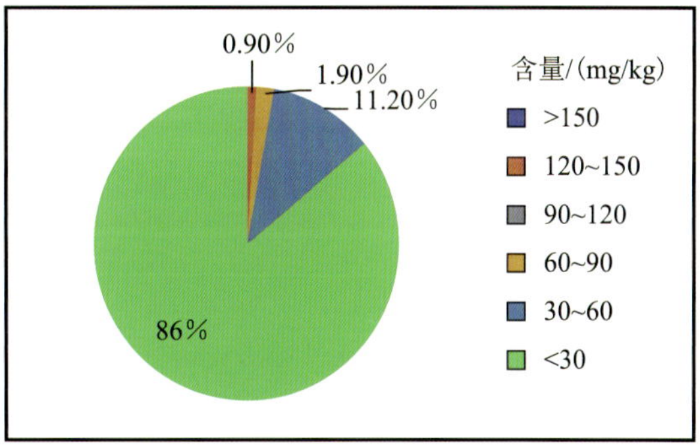

图 4.13 铁矿恢复治理区土壤速效氮含量

表 4.4、图 4.14 表明，铁矿恢复治理区土壤速效磷含量一、二级较高水平样点数占比为 17.80%，该部分土壤速效磷含量比较高；三、四级中等含量水平样点数占比分别为 27.10% 和 31.80%，说明铁矿恢复区土壤速效磷含量一半以上达到了中等水平；五级较低样点数占比为 21.50%，六级极低样点数占比为 1.90%，说明土壤速效磷在大部分矿区生态恢复中可以满足植物生长需要。

表 4.4 铁矿恢复治理区土壤速效磷含量统计表

等级	一	二	三	四	五	六
速效磷含量 /(mg/kg)	＞ 40	20 ~ 40	10 ~ 20	5 ~ 10	3 ~ 5	＜ 3
样点个数 / 个	5	14	29	34	23	2
占比 /%	4.70	13.10	27.10	31.80	21.50	1.90

表 4.5、图 4.15 表明，铁矿恢复治理区土壤速效钾含量一级为 0；二、三级样点数占比分别为 4.70%、7.50%；四级中等含量样点数占比 28.0%；五、六级缺钾和极缺钾样点

数占比分别为 20.60%、39.30%，说明铁矿恢复治理区土壤速效钾含量整体偏低，59.90% 的样点含量为低和极低，会对影响植物生长造成一定的影响，需要适当补充钾肥。

表 4.5　铁矿恢复治理区土壤速效钾含量统计表

等级	一	二	三	四	五	六
速效钾含量 /(mg/kg)	＞ 200	150 ~ 200	100 ~ 150	50 ~ 100	30 ~ 50	＜ 30
样点个数 / 个	0	5	8	30	22	42
占比 /%	0	4.70	7.50	28.0	20.60	39.30

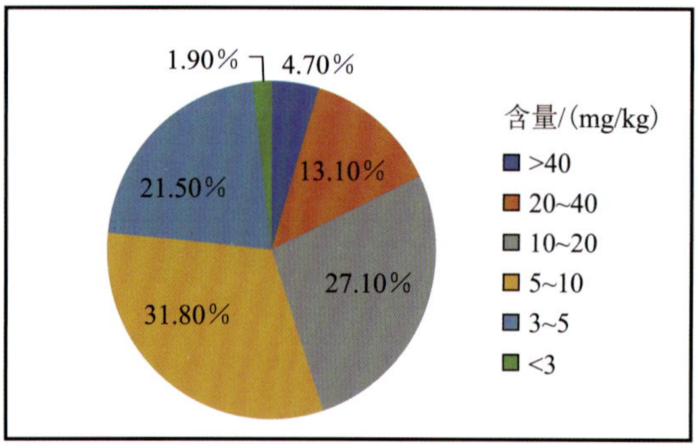

图 4.14　铁矿恢复治理区土壤速效磷含量

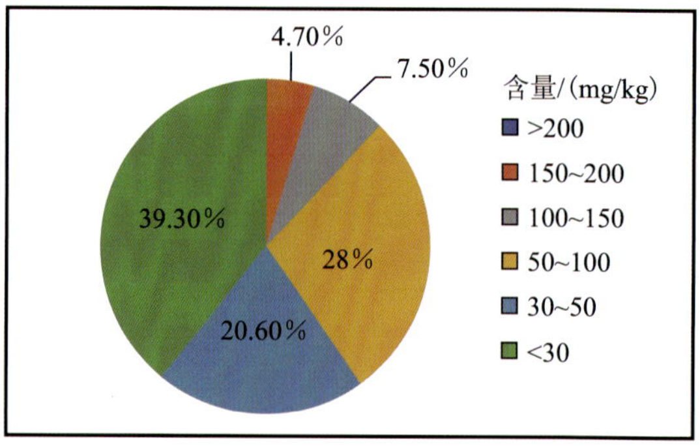

图 4.15　铁矿恢复治理区土壤速效钾含量

4.2.2.3 矿业开发对非金属矿区土壤养分状况影响

研究结果表明（表 4.6，图 4.16），非金属矿山恢复治理区有机质含量整体偏低，其中一、二级较高水平样点数都为 0，三、四级中等水平样点数占比分别为 2.10%，7.70%；五级较低和六级极低样点占比分别为 26.60%，63.60%，说明非金属矿山恢复治理区中有机质含量严重不足，有机质的缺乏会影响恢复植物的生长状况。

表 4.7、图 4.17 表明，非金属矿山恢复治理区中，土壤速效氮一至四级样点中仅出现 2 个点位，占比为 1.40%；五级样点数占比为 14.70%；土壤速效氮含量最低的六级水平样点数占比达到了 83.90%，说明非金属矿山恢复治理区大部分土壤速效氮含量极低。速效氮与植物生长状况密切相关，严重制约了非金属矿区植被恢复的效果。

表 4.6　非金属矿山恢复治理区土壤有机质含量统计表

等级	一	二	三	四	五	六
有机质含量 /(g/kg)	＞ 40	30 ~ 40	20 ~ 30	10 ~ 20	6 ~ 10	＜ 6
样点个数 / 个	0	0	3	11	38	91
占比 /%	0	0	2.10	7.70	26.60	63.60

表 4.7　非金属矿山恢复治理区土壤速效氮含量统计表

等级	一	二	三	四	五	六
速效氮含量 /(mg/kg)	＞ 150	120 ~ 150	90 ~ 120	60 ~ 90	30 ~ 60	＜ 30
样点个数 / 个	0	1	0	1	21	120
占比 /%	0	0.70	0	0.70	14.70	83.90

研究结果表明（表 4.8，图 4.18），非金属矿山恢复治理区土壤中速效磷含量总体水平较好，一、二级较高水平样点数占比分别为 11.90%，25.90%；三、四级中等含量水平

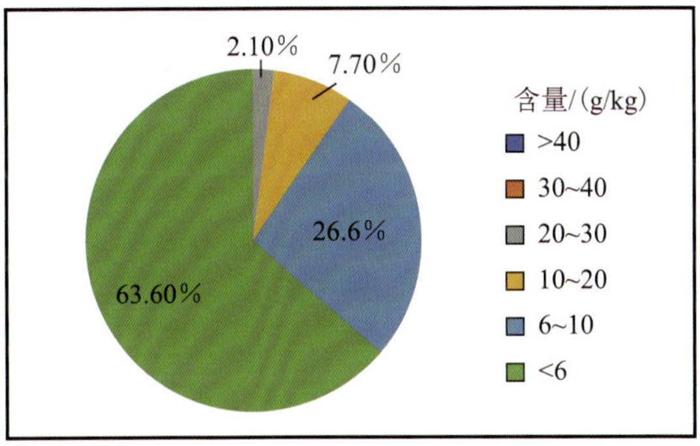

图 4.16　非金属矿山恢复治理区土壤有机质含量

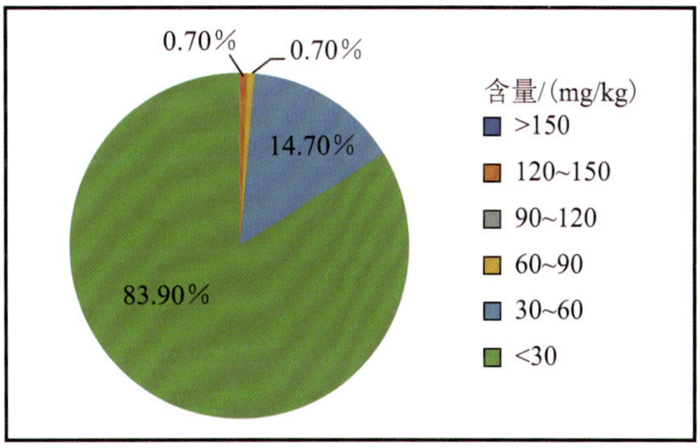

图 4.17　非金属矿山恢复治理区土壤速效氮含量

样点数占比分别为 28%，20.30%；五、六级含量较低和极低水平样点数占比仅为 9.80%，4.20%，说明在非金属矿山恢复治理区中，大部分矿区的土壤速效磷含量中等及以上，能满足植物正常生长的需要。

表 4.9、图 4.19 表明，非金属矿山恢复治理区土壤中速效磷含量总体水平较低，一、二级较高水平样点数占比仅为 2.80%，6.30%；三、四级中等含量水平样点数占比分别为 17.50%，27.30%；五、六级含量较低和极低水平样点数占比仅为 16.10%，30.10%，说明在非金属矿山恢复治理区中，仅 9.10% 区域土壤速效钾含量充足，44.80% 区域土壤速效钾含量中等，而仍有 46.20% 区域土壤速效钾含量处于较低和极低水平，即将近二分之一的非金属矿山恢复治理区需要补充钾肥。

表 4.8　非金属矿山恢复治理区土壤速效磷含量统计表

等级	一	二	三	四	五	六
速效磷含量 /(mg/kg)	> 40	20 ~ 40	10 ~ 20	5 ~ 10	3 ~ 5	< 3
样点个数 / 个	17	37	40	29	14	6
占比 /%	11.90	25.90	28	20.30	9.80	4.20

表 4.9　非金属矿山恢复治理区土壤速效钾含量统计表

等级	一	二	三	四	五	六
速效钾含量 /(mg/kg)	> 200	150 ~ 200	100 ~ 150	50 ~ 100	30 ~ 50	< 30
样点个数 / 个	4	9	25	39	23	43
占比 /%	2.80	6.30	17.50	27.30	16.10	30.10

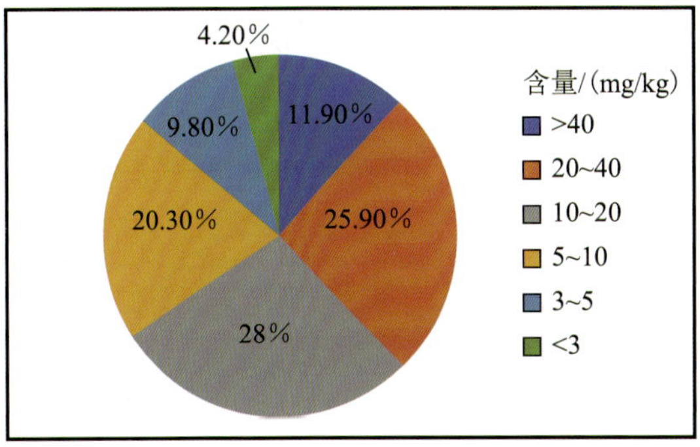

图 4.18　其他矿山恢复治理区土壤速效磷含量

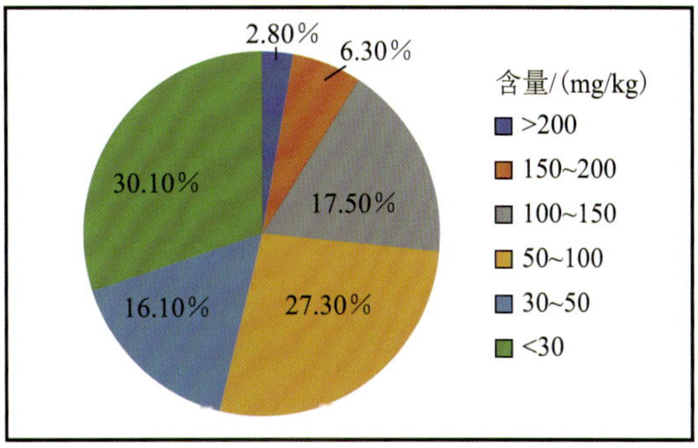

图 4.19　其他矿山恢复治理区土壤速效钾含量

4.2.2.4 矿业开发对矿区土壤养分状况影响综合分析

有机质在土壤中起着重要的作用，一般是由动植物遗体在腐烂之后分解的物质和以这种物质合成的新物质。有机质一般都吸附在固体矿物质的表面，其含量对土壤的理化性质有着重要的影响，含量的高低决定着土壤肥力的高低。土壤腐殖质可以通过影响土壤团粒结构来改善土壤的理化性质，增加土壤的水肥能力。土壤中大部分的氮是以腐殖质形态存在的，磷的存在状态大部分是有机磷。通过微生物的分解，这些磷、氮可以转化成无机态，能够被植物所吸收利用。

根据典型矿山及矿山周围原始地貌土壤养分状况研究可知，矿山治理区与原始地貌中有机质均严重不足，土壤贫瘠导致植物摄取养分不足，出现生长缓慢、成活率低等问题。

土壤养分是由土壤提供的、植物生长所必需的营养元素。土壤中能直接或经转化后被植物根系吸收的矿质营养成分，包括氮、磷、钾、钙、镁、硫、铁、硼、钼、锌、锰、铜和氯等 13 种元素。其中，氮、磷、钾为大量元素，植物生长需要量最高。通过调查分析，矿区土壤大量元素氮、磷、钾含量差异，可以为分析及预测植物生长提供依据。矿山治理区土壤速效氮含量整体偏低；速效磷含量，各地区矿山治理区整体较好，不同区域差异较大，部分矿区速效磷不足；土壤速效钾含量，各地区基本呈现出一致的趋势，略低于周边原始地貌土壤速效钾含量，但速效钾整体含量中等，基本能满足植物生长需求。

4.3 某矿山生态环境现状评价

4.3.1 矿山自然地理概况

（1）气象概况

研究区属暖温带半湿润季风性气候，季风显著，四季分明，具有春季干燥、夏季炎热多雨、秋季凉爽、冬季寒冷的气候特点。根据气象局 1956—2006 年观测资料，多年平均气温 11.3℃，最低气温 −22.7℃，最高气温 39.6℃；多年平均降水量 664.1mm，最大年降水量 1010.9mm，最小年降水量 299.5mm，80% 的降水集中在 6—9 月；一般 10 月下旬出现霜冻，全年无霜期 176 ~ 194 天；标准季节性冻土深度 0.8m。

（2）水文地质条件概况

矿区地势较高，距离河流较远，河流对矿区无影响。治理区水文地质条件属简单类型。本区属地下水补给径流区，基岩裸露，地形较陡，植被稀少，附近无大的地表水体，地下水补给来源主要为大气降水。基岩裂隙水不发育，采场充水因素主要为大气降水，大气降水可自然排出。

（3）土壤和植被概况

通过实地调查，治理区植被覆盖率较低，坡麓边缘、缓坡地带及沟谷下部主要分布人工次生林，山体上部主要为杂草及灌木，零星分布乔木。治理区及周边土地类型主要为其他草地、果园及采矿用地（图 4.20，图 4.21）。乔木主要有松、柏、橡、槐、杨、椿、柳，果树有苹果、核桃、梨等。

图 4.20　矿区及周边植被、耕地现状

图 4.21　矿区地形地貌现状正射影像图（红线为原采矿损毁边界）

（4）工程地质条件概况

治理区工程地质条件属中等类型。治理区范围内坡麓边缘有少量第四系存在，厚度约 0 ~ 0.50m，岩性主要为碎石土，成因类型属残坡积物，结构松散。边坡主要岩性为白云岩，风化带厚度 5 ~ 10m。矿区地层倾向 110° ~ 120°，倾角 30°，采场边坡多为逆向或斜交坡，区内未见大的断裂构造及软弱层，岩性均一，岩层致密坚硬。采场边坡节理裂隙发育，中等—强烈风化，岩体切割强烈，局部呈大块状或碎裂状，存在崩塌地质灾害隐患。

（5）人类工程活动概况

该矿山属于历史遗留矿山，经过多年无序、不规范开采，矿山及周边地形地貌景观破坏严重，高陡掌子面、采坑、料石堆、渣堆等零乱分布。没有采取积极的治理恢复措施，矿山留下了满目疮痍的残丘、断壁，成为白茫茫的一片凌乱无秩序的乱石场。因此，治理区周边人类工程活动较频繁。

总之，破坏区地形起伏变化较大，地貌单元类型单一；地质构造中等；水文地质条件简单；工程地质条件中等；矿山及周边人类工程活动较强烈。

4.3.2 矿山评价指标获取

根据现状调查，分别获取了该矿区土壤污染程度、植被覆盖度、挖掘深度、挖掘面积、岩质边坡比、压占面积、压占边坡度、积水面积占比和工业场地占用等评价指标数据。

（1）土壤污染程度

在矿区周边设置 4 个取样点，并进行重金属含量分析，获取 5 种主要重金属含量的平均值（表 4.10）。

表 4.10　土壤重金属元素含量　　单位：mg/kg

重金属	Cd	Cr	Cu	Pb	Zn
含量	0.11	63.20	22.50	43.60	47.40

根据公式 3.1 计算，可得出各种重金属元素的单因子污染指数（表 4.11）。

表 4.11　单因子污染指数

重金属	Cd	Cr	Cu	Pb	Zn
污染指数	0.35	0.32	0.23	0.36	0.19

单因子污染指数均小于 1，可以认为矿区没有被污染。

根据公式 3.2 计算综合污染指数：$P_{综合} \leqslant 0.46$，说明该区域土壤污染为无（轻度）污染。

（2）植被覆盖度

根据无人机正射影像图，通过 ENVI 软件、ArcGIS 软件计算获得植被覆盖度。周边植被覆盖度约 67%，矿区植被覆盖度 31%；占周边原来植被覆盖度的 46%（表 4.12）。

表 4.12　植被覆盖度分级表

评价指标	重度	中度	轻度
占周边植被覆盖度比例	< 30%	30% ~ 60%	< 60%

（3）挖掘深度（地表高程变化量）

地表高程变化量，即挖掘前地表高程与挖掘后地表高程的差的差值。可以通过传统测量获取数据，也可以通过无人机倾斜摄影测量的方法获取数据。某点位根据无人机航拍云数据，应用 ArcGIS 软件生成矿区 TIN 模型，计算得出挖掘深度为 26m（图 4.22）。

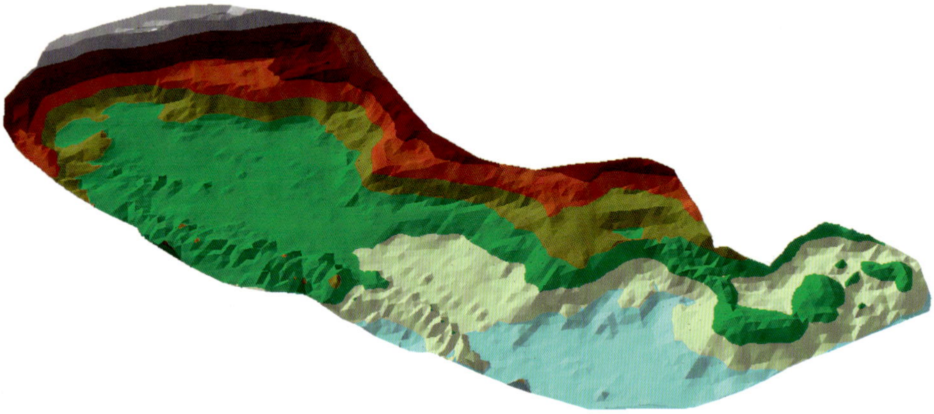

图 4.22　矿区现状 TIN 模型示意图

（4）挖掘面积

通过无人机倾斜摄影测量的方法，获取某点位挖掘面积约为 14000m²。

（5）岩质边坡坡度

通过无人机倾斜摄影测量的方法获取数据，在 ArcGIS 软件中，应用空间分析模块，计算项目区的边坡坡度超过 60°（图 4.23）。

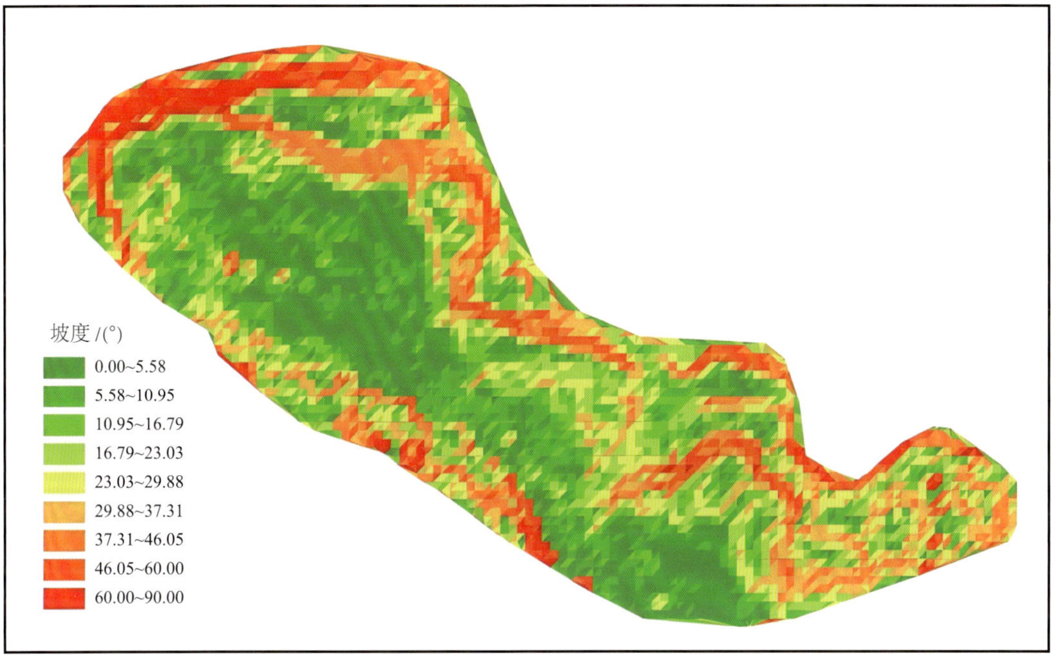

图 4.23　矿区现状图

（6）压占面积

案例为采石场，压占面积小，约 463m²，属轻度破坏。

（7）压占边坡坡度

通过无人机倾斜摄影测量的方法，获取的坡度约为 32°，属轻度破坏。露天矿山不存在沉陷面积、沉陷深度破坏。

（8）积水面积占比

通过无人机倾斜摄影测量的方法获取相关数据，积水面积占比约为 12%，属轻度破坏。

（9）工业场地占用

通过无人机倾斜摄影测量的方法获取相关数据，工业场地占用面积约为 632m²，属轻度破坏。

4.3.3 矿山生态环境现状评价

4.3.3.1 基于 AHP 法各评价指标的权重计算

层次分析法（AHP）是指，将一个复杂的多目标决策问题作为一个系统，将目标分解为多个目标或准则，进而分解为多指标（或准则、约束）的若干层次，通过定性指标模糊量化方法，算出层次单排序（权数）和总排序，以作为目标（多指标）、多方案优化决策的系统方法。运用 AHP 法确定各评价指标的权重，构造判断矩阵。

评价体系要素层（B–D）、指标层（D–C）构造判断矩阵如下：

$$B=\begin{bmatrix} 1 & 1/2 & 2 & 1 & 1/2 & 1/5 \\ 2 & 1 & 3 & 2 & 1 & 1/2 \\ 1/2 & 1/3 & 1 & 1/2 & 1/3 & 1/4 \\ 1 & 1/2 & 2 & 1 & 2 & 1/2 \\ 2 & 1 & 3 & 1/2 & 1 & 1/2 \\ 5 & 2 & 4 & 2 & 2 & 1 \end{bmatrix}$$

$$D_1=\begin{bmatrix} 1 & 2 \\ 1/2 & 1 \end{bmatrix},\ D_3=\begin{bmatrix} 1 & 2 & 3 \\ 1/2 & 1 & 2 \\ 1/3 & 1/2 & 1 \end{bmatrix},\ D_4=\begin{bmatrix} 1 & 1/2 \\ 2 & 1 \end{bmatrix},$$

$$D_5=\begin{bmatrix} 1 & 1/2 & 1 & 5 \\ 2 & 1 & 1 & 5 \\ 1 & 1 & 1 & 2 \\ 1/5 & 1/5 & 1/2 & 1 \end{bmatrix}$$

式中：B 及 D_1、D_3、D_4、D_5 为构造判断矩阵；对应元素为因素 $D_i(i=1，2，3，\cdots，6)$ 与 $D_j(j=1，2，3，\cdots，6)$ 或 $(C_i)(i=1，2，3，\cdots，14)$ 与 $(C_j)(j=1，2，3，\cdots，14)$ 相对重要性度量值。其中，D_i、D_j 为要素层相应各要素，C_i、C_j 为指标层相应各指标。$D_i(C_i)$ 与 $D_j(C_j)$ 相同重要时，取 1；$D_i(C_i)$ 比 $D_j(C_j)$ 稍重要时，取 3；$D_i(C_i)$ 比 $D_j(C_j)$ 较重要时，取 5；$D_i(C_i)$ 比 $D_j(C_j)$ 非常重要时，取 7；$D_i(C_i)$ 比 $D_j(C_j)$ 绝对重要时，取 9；$D_i(C_i)$ 比 $D_j(C_j)$ 的重要性介于上述 2 个相邻等级之间时，取 2、4、6 或 8。

4.3.3.2 权重计算及一致性检验

（1）对矩阵按行求几何平均值

$$\omega_i=\sqrt[n]{\prod_{j=1}^{n}a_{ij}}\ (i=1，2，\cdots，n) \qquad (4.1)$$

（2）对各行几何平均值进行归一化

$$\omega_i=\frac{\omega_i}{\sum_{i=1}^{n}\omega_i}\ (i=1，2，\cdots，n) \qquad (4.2)$$

所得矩阵

$$W=(w_1，w_2，\cdots，w_n)^{\mathrm{T}}$$

即为所求特征向量（也就是各个元素的权重值）。

（3）计算矩阵的最大特征根

$$\lambda_{max}=\frac{1}{n}\sum_{i=1}^{n}\frac{(Aw)_i}{w_i} \qquad (4.3)$$

（4）对判断矩阵进行一致性检验

$$C_R=C_I/R_I \tag{4.4}$$

$$C_I=(\lambda_{max}-n)/(n-1) \tag{4.5}$$

通过计算可得要素层各要素的权重值矩阵：

$$B=[0.0992，0.1963，0.0636，0.1456，0.1538，0.3394]^T；$$

最大特征值 λ_{max}=6.2348；n=6 时，R_I=1.24。

$$C_I=(\lambda_{max}-n)/(n-1)\ =(6.2384-6)/5=0.0447；$$

$$C_{RB}=C_I/R_I=0.0447/1.24=0.0384<0.1$$

判断矩阵满足一致性。

对 D_1、D_3、D_4、D_5 进行一致性检验：

CRD_1，4=0.0000 < 0.1，CRD_3=0.0079 < 0.1，CRD_5=0.0581 < 0.1

判断矩阵均满足一致性。

表 4.13　矿区破坏现状指标体系、分级标准以及评价指标调查值

要素层	AHP 确定权重	指标层	调查值	AHP 确定权重	评估指标分级及其标准		
					轻度	中度	重度
污染（D_1）	0.0992	土壤污染程度 (C_1)	1	0.0662	0 ~ 1	2 ~ 3	4 ~ 6
		水污染 –TDS、有机物与油类污染浓度（C_2）/(mg/L)	1023	0.0165	1000 ~ 2000	2000 ~ 5000	> 5000
		水污染 – 重金属污染浓度（C_3）/(mg/L)	0.66	0.0165	0.50 ~ 1.00	1.00 ~ 2.00	> 2.00
生态（植物）损毁（D_2）	0.1963	植被覆盖度（C_4）/%	46	0.1963	< 30	30 ~ 60	> 60
挖损（D_3）	0.0636	挖掘深度（C_5）/m	26	0.0343	< 20	20 ~ 50	> 50
		挖掘面积（C_6）/hm²	1.4027	0.0189	< 5	5 ~ 20	> 50
		岩质边坡度（C_7）/°	60	0.0104	< 25	25 ~ 60	> 60
压占（D_4）	0.1456	压占面积（C_8）/hm²	0.0463	0.0485	< 1	1 ~ 5	> 5
		压占边坡度（C_9）/°	32	0.0971	< 25	25 ~ 38	> 38
沉陷（塌陷）（D_5）	0.1558	沉陷面积（C_{10}）/hm²	—	0.0426	< 1	1 ~ 5	> 5
		沉陷深度（C_{11}）/m	—	0.0602	< 1	1 ~ 5	> 5
		(金属矿) 深度面积比（C_{12}）/%	—	0.0403	< 5	5 ~ 20	> 20
		积水面积占比（C_{13}）/%	12	0.0127	< 20	20 ~ 50	> 50
占用（D_6）	0.3394	面积（C_{14}）/hm²	3.30	0.3394	< 10	10 ~ 30	> 100

4.3.3.3 模糊数学法建立模糊矩阵

（1）因素集的建立因素集为

$$U=\{C_1, C_2, C_3, C_4, C_5, C_6, C_7, C_8, C_9, C_{10}, C_{11}, C_{12}, C_{13}, C_{14}\}$$

（2）评价集的建立

根据表 4.13 的露天矿生态环境指标分级标准，露天矿生态环境评价结果共有 3 种，故评价集为

$$P=\{p_1, p_2, p_3\}$$

（3）隶属度函数的建立

采用直线型隶属函数来确定评价因素对生态环境评价等级的隶属度。

$$r_1=\begin{cases}1 & x_i\leqslant v_1\\ \dfrac{v_2-x_i}{v_2-v_1} & v_1\leqslant x_i\leqslant v_2\\ 0 & x_i\geqslant v_2\end{cases} \tag{4.6}$$

$$r_2=\begin{cases}1-r_1 & v_1\leqslant x_i\leqslant v_2\\ \dfrac{v_3-x_i}{v_3-v_2} & v_2\leqslant x_i\leqslant v_3\\ 0 & x_i\leqslant v_1, x_i\geqslant v_3\end{cases} \tag{4.7}$$

$$r_j=\begin{cases}\dfrac{x_i-v_{j-1}}{v_j-v_{j-1}} & v_{j-1}\leqslant x_i\leqslant v_j\\ \dfrac{v_{j+1}-x_i}{v_{j+1}-v_j} & v_j\leqslant x_i\leqslant v_{j+1}\quad (j\geqslant 3)\\ 0 & x_i\leqslant v_{j-1}, x_i\geqslant v_{j+1}\end{cases} \tag{4.8}$$

式中：x_i 为因子的实际值；i 为环境评价因素集的各个因素，取值为 1 ~ 13；v_j 为因子的第 j 个分级阈值，且 $v_j-1\leqslant v_j\leqslant v_j+1$；$r_j$ 为第 j 级环境质量的隶属度数值，且对任一因子，都有：

$$\sum_{j=1}^{n} r_j=1 \tag{4.9}$$

根据以上公式，计算评价指标 i 隶属于评价等级 j 的隶属度 r_{ij}，并据此生成隶属函数矩阵 R 为

$$R=\begin{bmatrix} r_{11} & r_{12} & \cdots & r_{1j}\\ r_{21} & r_{22} & \cdots & r_{2j}\\ \vdots & \vdots & \vdots & \vdots\\ r_{i1} & r_{i2} & \cdots & r_{ij}\end{bmatrix}$$

根据式（4.6）~式（4.9），得到某露天矿生态环境评价指标层各因素的模糊矩阵 R 为

$$R=\begin{bmatrix}1 & 0 & 0\\0.977 & 0.023 & 0\\0.68 & 0.32 & 0\\0 & 0.467 & 0.533\\0 & 0.8 & 0.2\\1 & 0 & 0\\0 & 0 & 1\\1 & 0 & 0\\0 & 0.462 & 0.538\\1 & 0 & 0\\1 & 0 & 0\\1 & 0 & 0\\1 & 0 & 0\\1 & 0 & 0\end{bmatrix}$$

4.3.3.4 矿区生态环境现状评价

矿区破坏现状隶属评价集 P 的隶属度矩阵 B 为

$$B=wR \tag{4.10}$$

由表 4.13 可得

$$\omega=[0.0662,0.0165,0.0165,0.1963,0.0343,0.0189,0.0104,\\0.0485,0.0971,0.0426,0.0602,0.0403,0.0127,0.3394]^{\mathrm{T}}$$

将 R 及 w 代入式（4.10），可得该露天矿生态环境的隶属度矩阵为

$$B=[0.6562\ \ 0.1696\ \ 0.1743]$$

计算结果表明，该矿区生态现状评价在轻度破坏、一般破坏、严重破坏的隶属度分别为 0.6556，0.1696，0.1743；其中，轻度破坏的隶属度最大，即评价结果为轻度破坏。

总之，该矿山采石场开采历史悠久，多年不规范的矿业活动使矿山地质环境和生态环境均遭到了破坏，产生了一系列环境地质问题：存在崩塌地质灾害隐患、地形地貌景观破坏、土地资源压占损毁等。矿山开采形成的高陡掌子面、岩墙，存在崩塌地质灾害隐患，经现场调查，现状评估危岩体（带）基本稳定，地质灾害危害程度小，发育程度中等，危险性小。开采造成大量植被破坏、岩面裸露，地貌景观遭受严重破坏，与周边植被生长茂盛的绿色生态环境极不协调。被剥离的松散堆积物与矿渣混合在一起形成渣土，压占部分土地资源。通过综合计算，将该矿区生态环境现状评定为轻度破坏。

5 矿区植被覆盖动态评价

我国露天铁矿资源丰富，矿产开采有力地促进了国民经济快速稳定发展。但是，由于长时间开采，生态环境极其脆弱。矿产资源的开发对矿区土地、植被及生态环境产生严重污染和破坏，也给和谐的社会环境带来负面作用。通过长时间序列分析数据，可以了解矿区植被覆盖变化，进而更加深入地掌握生态破坏现状和发展趋势，以及目前生态修复取得的成效。因此，及时高效地监测矿区生态环境，对区域生态恢复及其可持续发展提供决策支持意义重大。

5.1 数据来源

本研究主要运用2001—2016年植被生长季（5—9月）的Landsat系列卫星数据。Landsat是美国航空航天局和美国地质调查局协同合作的对地观测卫星。自1972年起，美国陆续发射Landsat系列卫星，是用于探测全球资源与环境的地球观测卫星系统。Landsat系列卫星主要被用于勘探各种矿产资源和海洋资源，监测和协同管理土地资源及水资源的合理开发利用，预测农作物的产出状况，探究自然植物的生长和变化，各种严重自然灾害和环境污染的考察和预警，拍摄各种目标地物的遥感图像，用于绘制各种专题图（如地质图、地貌图、水文图）等。1984年3月1日，美国成功发射了光学对地观测卫星Landsat5。目前它所获取的遥感影像是在全球植被覆盖研究运用最为广泛、成效最为显著的遥感数据源。1999年4月15日，美国的卫星Landsat7发射，因其良好的数据质量，以及与Landsat5卫星保持了在数据序列上的延续性，受到人们的青睐，被越来越多的学者用于科学研究工作。它是中国遥感卫星数据的主要产品之一。2013年2月11日，Landsat8在美国加州发射成功，较高的空间分辨率以及数据质量为植被、环境和城市规划等各个领域研究提供可靠数据源。

研究所采用的Landsat5 TM、Landsat7 ETM+和Landsat8 OLI遥感影像数据是经过系统辐射校正、几何校正以及地形校正的L1T数据产品，来源于美国地质调查局（https://www.usgs.gov）。所选生长季的遥感影像为植被生长比较旺盛的无云数据，质量较好，能够较好地反映矿区植被生长状况，3个卫星具体参数见表5.1。

表5.1 遥感数据源信息

卫星	发射时间	传感器类型	轨道号	波段数/个	最高像元分辨率/m	数据质量
Landsat5	1984-03-01	TM	122/32	7	30	良好
Landsat7	1999-04-15	ETM+	122/32	8	15	良好
Landsat8	2013-02-11	OLI	122/32	9	15	良好

5.2 植被覆盖度反演及分析方法选取

5.2.1 植被覆盖度遥感估算方法研究现状

近年来，植被遥感估算方法层出不穷。常见的方法包括回归模型法、混合像元分解法、机器学习法、森林郁闭度制图模型等。2002 年，Boyd et al.[50] 分别利用植被指数法、多元回归法和神经网络法估算了美国西部的针叶林植被覆盖度，表明神经网络估算方法精度最高。2003 年，Goetz et al.[51] 以 IKONOS 遥感影像为数据源，利用决策树分类方法估算了乔木植被覆盖度，估算精度为 97.30%。2005 年，Xiao 等 [52] 选择了 Landsat ETM+ 遥感数据，分别利用 3、4 和 5 个端元的线性混合模型估算美国新墨西哥州中部沙漠区的植被覆盖度，结论为以 2 种绿色植被、非光合植被、深色土壤及浅色土壤为端元的线性光谱混合模型估算结果最好。2006 年，Jiang et al.[53] 在像元二分模型的基础上，考虑了阴影土壤，发现阴影土壤的近红外和红波段之差近似等于光照土壤的近红外减红波段，从而简化了计算过程，并提出了 SDVI 指数，该指数模型的估算精度高于像元二分模型。2008 年，Tim et al.[54] 利用 Landsat ETM+ 数据的 4 个波段的回归模型，估算了植被覆盖度。Huang et al.[55] 利用支持向量机法提取了研究区的森林植被覆盖度，经验证产品精度高达 90%。2011 年，Barati et al.[56] 选择了二十多种植被指数，利用线性回归和非线性回归法计算稀疏草地的植被覆盖度，最终多个植被指数的拟合结果精度高于单一植被指数。2014 年，Broxton et al.[57] 选取 MODISNDVI 产品和 ProSAIL 模型估算了 2001—2012 年年际最大植被覆盖度。国内学者对植被覆盖度的估算方法也有大量的研究成果。2004 年，李苗苗等 [58] 采用 NDVI 植被指数，建立改进的像元二分法的估算模型，并计算密云水库上游的植被覆盖度，估算精度达 85%。2009 年，古丽等 [59] 比较了 4 种方法估算干旱地区荒漠稀疏植被覆盖度，发现修正后的三波段最大梯度差法可有效提取干旱区低覆盖度植被信息。2013 年，丁艳玲等 [60] 运用改进的过绿指数算法，估算了吉林西部盐碱地植被覆盖度，结果证实该方法具有较强的客观性、精度高等优点。2020 年，侯春华等 [61] 基于 Landsat 卫星遥感影像，利用 RTE 反演地表温度，进行 NDVI-DFI 像元三分模型反演植被覆盖度，对矿业开发密集区构建 RSIEI 模型，进行矿业开发密集区地表热环境分异效应的综合评估。

5.2.2 矿区植被覆盖变化遥感监测研究现状

国内外学者已对矿区植被覆盖变化遥感监测进行了研究。2006 年，Petja et al.[62] 利用遥感数据分析南非马夫特和马萨巴塔地区某石棉矿由于开采造成的植被退化程度，并采用图像差分法评估了研究区植被退化和复垦状况。2010 年，Lei et al.[63] 通过遥感技术对煤矿开采活动所引起的植被时空变化进行了监测，并对该地区的干旱气候和生态修复效果进行了描述。2011 年，Erener[64] 利用 1987—2006 年多时相 Landsat TM 数据序列，采用简单指数比 SR、简化比例指数 RSR、归一化植被指数 NDVI 和穗帽变换分析和评估土耳其某露天煤矿植被覆盖情况。2012 年，Sarp et al.[65] 采用 1989—2010 年间 3 期 Landsat TM/ETM+ 影像的监测露天矿区植被覆盖变化，研究表明 NDVI 能够有效揭示植被的显著变化。

2012 年，Brom et al.[66] 分别利用归一化植被指数 NDVI、归一化差异水分指数 NDMI 指数和 Landsat 卫星热红外波段，对欧洲某煤矿矿区废石堆植被覆盖度、地表湿度和地表温度的变化进行评估，表明植被的破坏对区域气候和环境状况有重要作用。2015 年，Zhao et al.[67] 研究了不同的植被类型对区域气候的影响，结果表明复垦区特别是草本植被覆盖的增加，预计会显著降低气温，增加相对空气湿度。2008 年，胡振琪等 [68] 通过利用 1986—2006 年间 4 期 Landsat TM 遥感影像，提取归一化植被指数 NDVI，并基于像元二分法估算榆林市神府矿区的植被覆盖度，定量化探究矿区 20 年间的植被覆盖变化。2009 年，吴立新等 [69] 获取 SPOT-4/5 遥感数据的 NDVI 序列，利用沙化土地分级变化检测法与一元线性回归方法，分析 1999—2008 年神东矿区植被覆盖和土地沙化的动态变化，研究结果表明 10 年来矿区整体的植被覆盖呈现增长趋势，矿区大面积区域的植被得到恢复。2013 年，华正坤等 [70] 以山西平朔煤矿区为研究对象，采用多源多时相的 Worldview-2 和 Landsat TM 遥感影像数据，分别从横向的年代变化和纵向的季节变化两个角度，估算了植被覆盖度，并提取植被变化信息，讨论整个露天煤矿以及排土场植被的生长情况及植被覆盖的时空变化特征。2016 年，李恒凯等 [71] 以定南县岭北稀土矿区作为研究区域，采用 1990—2013 年的 Landsat 系列遥感影像，探究在稀土开采扰动背景下的矿区植被覆盖景观格局变化。分别采用森林郁闭度制图模型、像元二分法模型和线性光谱混合模型 3 种方法，提取矿区植被覆盖度，并比较估算精度。2017 年，梁肖等 [72] 选取 HJ-1A-HSI 高光谱遥感数据，基于多端元光谱混合分析模型，定量估算研究区 2009—2015 年植被覆盖度，主要从气候因素角度分析引起霍林河矿区植被覆盖变化的原因。

综上所述，矿区尺度的植被覆盖动态监测研究较为广泛，而有关探究其变化影响因素的研究较少。

5.2.3 矿区植被覆盖反演方法选取

像元二分模型是植被覆盖度反演研究中最常用的模型，它假设一个像元的光谱信息仅由植被与土壤两部分线性混合构成。若像元的光谱信息为 S，植被信息为 S_v，无植被覆盖的土壤信息为 S_s，则有公式：

$$S=S_v+S_s \quad (5.1)$$

基于假设像元信息仅由植被和土壤两种要素组成，即有植被覆盖像元的总面积所占比例即为该像元的植被覆盖度 f，而土壤覆盖的所占比率为 $(1-f)$。假设一个纯净像元全由植被覆盖信息为 S_{veg}，或是全由土壤覆盖信息为 S_{soil}，则一个混合像元的信息可以描述为

$$S=f\cdot S_{veg}+(1-f)\cdot S_{soil} \quad (5.2)$$

根据公式（5.2）推导植被覆盖度计算公式如下：

$$f=(S-S_{soil})/(S_{veg}-S_{soil}) \quad (5.3)$$

像元二分模型是使用遥感信息来估算植被覆盖度。若仅输入单波段的遥感信息，估算的精度可能比较低。而归一化植被指数 *NDVI* 在客观反映植物生长状态以及植被空间分布密度方面表现较好。它也是长时间序列植被动态变化和估算植被覆盖度研究中最常用的植被指数。因此，本书采用 *NDVI* 来提取植被覆盖度，即：

$$f=(NDVI-NDVI_{soil})/(NDVI_{veg}-NDVI_{soil}) \quad (5.4)$$

其中，本次研究中采用一种简单的 $NDVI_{veg}$ 和 $NDVI_{soil}$ 确定办法，$NDVI_{veg}$ 选择区域累积频率在 95% 的 $NDVI$ 值，$NDVI_{soil}$ 选择频率累计表中累计频率为 5% 的 NDVI 最小值，即影像置信度区间内的 $NDVI$ 最大值和 $NDVI$ 最小值。

5.2.4 矿区植被覆盖分析方法选取

（1）转移矩阵法

转移矩阵法多用于定量描述土地利用中不同土地类型的转移。目前，在植被覆盖动态监测研究中也引用了转移矩阵方法，用以快速查找、定量反映不同时期各个植被覆盖度等级之间的相互转换关系。本研究利用转移矩阵法定量分析不同时期矿区 5 个植被覆盖度等级间的相互转化概率。

（2）趋势分析法

植被覆盖度在不同时间大小不同，而且空间分布也不尽相同。为了讨论矿区多年植被覆盖时空变化，选择用于研究趋势变化较广泛的趋势分析法。趋势分析方法，是通过模拟研究区每个栅格像元的长时间序列的变化规律，来反映整个空间的变化趋势。运用 ArcGIS 的栅格计算功能模块，将矿区不同时间阶段的植被覆盖度进行 Slope 函数（k）线性回归计算。其计算公式为

$$k=\frac{n\times\sum_{i=1}^{n}i\times x-\sum_{i=1}^{n}i\sum_{i=1}^{n}x}{n\times\sum_{i=1}^{n}i^{2}-\left(\sum_{i=1}^{n}i\right)^{2}} \tag{5.5}$$

式中：i 表示年份序列号，i=1，2，3，……，n；x 表示长时间序列第 i 年的植被覆盖度。

当 k 值大于 0 时，表明随着时间变化，该栅格表示的植被覆盖度升高，且数值越大变化幅度越大。k 值能良好地反映某一栅格植被覆盖度的变化程度。

（3）相关分析法

相关分析法用于讨论两个变量之间是否存在相互关系，并且分析两者的相关程度，是数据分析研究中常用的一种统计学方法。采用相关分析法对矿区多年植被覆盖度与气温、降水、相对湿度和日照时数的相关性，可以得出植被覆盖度对各个影响因子的响应程度。其计算公式如 5.6：

$$R_{xy}=\frac{\sum_{i=1}^{n}i(x_i-\overline{x})(y_i-\overline{y})}{\sqrt{\sum_{i=1}^{n}(x_i-\overline{x})^2\sum_{i=1}^{n}(y_i-\overline{y})^2}} \tag{5.6}$$

式中：R_{xy} 为变量 x 和 y 间的相关关系程度，是实现植被覆盖变化与其影响因素间的相关程度的统计指标；n 为年份；x_i，y_i 别是 x，y 第 i 年的平均值，x，y 分别为 x，y 的平均值；R_{xy} 大于 0，说明二者正相关；相反，说明二者负相关，并且相关系数的绝对值大小决定两者相关程度。

5.3 遥感图像解译

由于多种原因的限制，遥感影像数据难以实现精准记录地表的真实信息。因此，获取

的数据不可避免地存在误差，影响遥感数据的质量，从而导致遥感图像分析的精度较低。于是，在使用遥感数据前，有必要对遥感原始图像进行预处理。目前，遥感图像预处理的相关研究非常成熟，处理算法更是层出不穷，选择适宜的处理方法对植被信息提取至关重要。以下是 Landsat 遥感图像预处理的主要步骤，包括辐射定标、大气校正和图像配准及研究区裁剪。

5.3.1 辐射定标

遥感数据在大气校正前首先需要进行辐射定标。辐射定标的目的是，建立传感器每个探测元输出的数字信号与该探测器入瞳处的辐射亮度值之间的数量关系。在 ENVI 的工具箱中选择 RadiometricCalibration 功能对遥感影像进行辐射定标，并选择定标类型（CalibrationType），设置 FLAASH 大气校正工具所需的数据类型，包括储存顺序（Interleave）、数据类型（DataType）及辐射率数据单位调整系数（ScaleFactor）。

5.3.2 大气校正

当电磁波穿过大气层时，光线的方向发生改变的同时，也对遥感图像的辐射特征产生了影响。大气影响的主要来源是大气对阳光和来自目标的辐射产生吸收和散射。当然，有效削弱大气影响是十分必要的，大气校正就是消除大气作用的过程。其中的辐射传输方程辐射校正精度很高，结合电磁波在大气中的辐射传输原理，对遥感影像进行大气校正效果显著。

卫星传感器在接受数据信息的过程中必然受到大气的影响，导致卫星接收的数据存在误差。得到最接近真实情况的地表反射率，首先需要消除大气对遥感图像信息的复杂干扰。MODTRAN 模型、LOWTRAN 模型、ATCOR 模型和 6S 模型是被用来进行大气校正的辐射传输模型。本书利用 ENVI5.3 软件中工具箱的 FLAASH 模块，进行 Landsat 遥感数据的大气校正。它在 MODTRAN4+ 辐射传输模型的基础上，可对影像快速处理得到大气校正后的结果，对比校正前后的植被光谱，发现产生了很大变化，校正后的光谱更接近植被的真实情况。

5.3.3 图像配准及裁剪

由于不同时间、不同传感器或不同条件下获取的两幅或多幅遥感影像，不能较好地匹配和叠加，以至于影响后续的数据分析结果。例如，在进行矿区植被覆盖计算过程中，不同时间不同传感器的矿区影像，由于各种误差的原因，相同地物不能完全重叠。这种现象将影响下一步的矿区植被覆盖时空变化特征研究的准确性。图像配准就是利用重叠区的匹配点和相应的计算模型，对遥感影像进行精确配准，并控制误差。ENVI5.3 中的 ImageRegistrationWorkflow 模块实现了对多幅几何位置有偏差的遥感影像流程化配准。它具有自动、准确、快速的影像配准功能，并且将复杂的配准参数设置过程呈现在统一的面板上，仅需少量的人工干预，快速达到影像间自动配准的目的。图像配准以 2015 年 9 月

16 日的影像数据为基准，其他年份数据分别与它进行相对校正，选用二次多项式的校正方法，要求误差控制在 0.20 个像元内。最后，结合矿区的矢量图，裁剪出整个矿区范围的遥感影像，用于下一步的植被覆盖研究。

5.4 矿区植被覆盖时空动态变化特征分析

5.4.1 矿区植被覆盖时间变化特征

本节从矿区年际和月际植被覆盖变化两个角度，探究矿区时间维度的变化特征，反映矿区 2001—2016 年生长季植被覆盖时间序列变化趋势，以及月尺度矿区植被的生长状况。

根据 2001—2016 年各个年份矿区生长季植被覆盖度均值，统计矿区植被覆盖度的年际变化，如图 5.1 所示。16 年间，矿区生长季植被覆盖度均值发生了显著变化；2001—2007 年，矿区植被覆盖度呈下降趋势；而 2008—2016 年，植被覆盖度呈缓慢上升趋势。2001—2003 年，矿区植被覆盖度缓慢下降；2003—2007 年，植被覆盖度急剧下降；至 2007 年，矿区生长季植被覆盖度均值最低为 30.81%；2007—2014 年，植被覆盖度小幅上升到 38.45%；2014—2016 年，植被覆盖度又持续增长，达到最高值，为 44.39%，较 2001 年仅增长 0.79%。

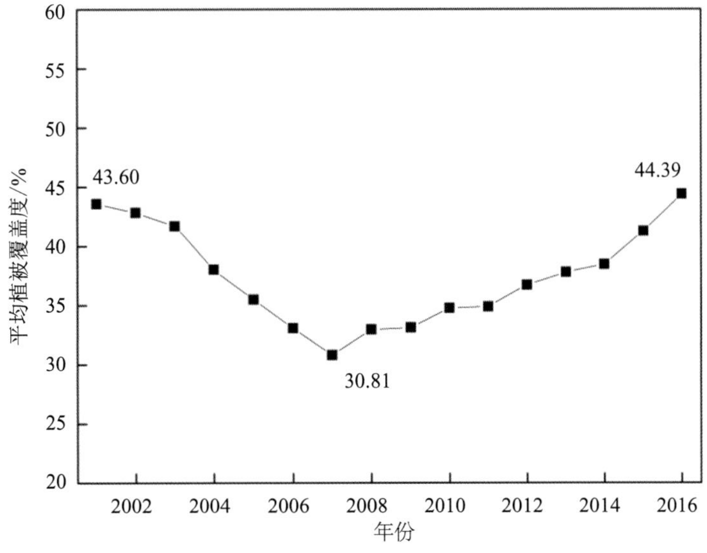

图 5.1 矿区 2001—2016 年生长季植被覆盖度均值变化

根据矿区多年植被覆盖动态变化呈先下降后上升的趋势，将矿区植被覆盖变化特征的研究分为两个时间段，如图 5.2 所示，分别是时段一 2001—2007 年和时段二 2008—2016 年。2001—2007 年间，研究区生长季植被覆盖度均值由 43.60% 变为 30.81%，大幅下降了 12.79%，变化速率 - 2.29%/7a，植被遭到严重毁坏。2008—2016 年时间段，矿区的植被覆盖度呈现上升趋势，由 33.17% 增长到 44.39%，变化速率为 1.34%/9a，并且在 2016 年达到多年来矿区植被覆盖度最大值。由此看来，2008—2016 年较 2001—2007 年矿区植被覆

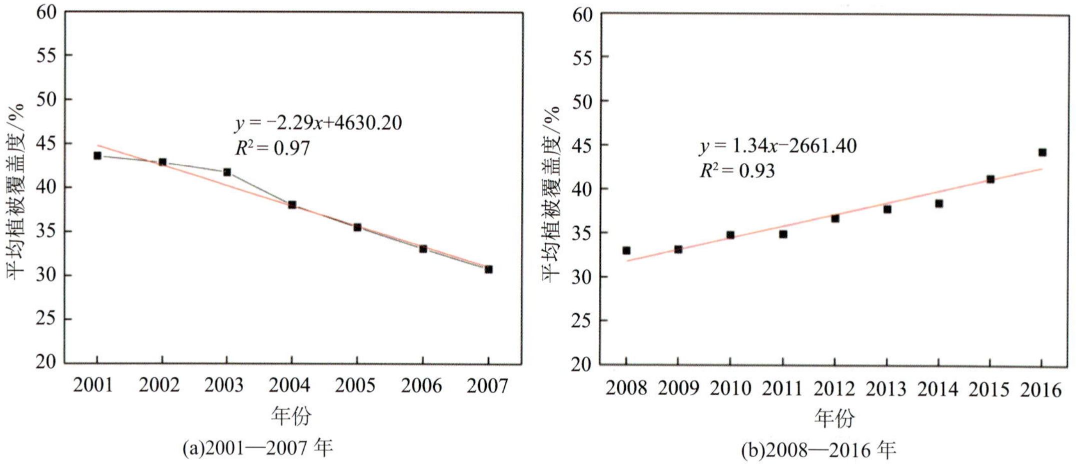

图 5.2　矿区两个时段生长季植被覆盖度均值变化

盖变化速度有所减慢，但 2008—2016 年植被生长状况趋于良性发展。

5.4.2 矿区植被覆盖空间变化特征

5.4.2.1 植被覆盖度的等级划分

基于估算的矿区植被覆盖度，结合研究矿区实际土地利用特征，为更明确反映区域植被变化情况，突出植被覆盖的空间差异性，将研究区植被覆盖度分为 5 个等级，即低植被覆盖度（0 ~ 20%）、中低植被覆盖度（20% ~ 40%）、中植被覆盖度（40% ~ 60%）、中高植被覆盖度（60% ~ 80%）和高植被覆盖度（> 80%）。如表 5.2 所示。

表 5.2　植被覆盖度等级划分

等级编号	植被覆盖度	等级名称	植被描述
Ⅰ	0 ~ 20%	低植被覆盖度	植被稀少
Ⅱ	20% ~ 40%	中低植被覆盖度	少量草本植物
Ⅲ	40% ~ 60%	中植被覆盖度	植被稀疏
Ⅳ	60% ~ 80%	中高植被覆盖度	密集草本植物
Ⅴ	> 80%	高植被覆盖度	茂密的林地

根据矿区现实状况及土地利用类型，植被覆盖度 5 个等级与地物相互对应。低植被覆盖区包括采场、矿坑水面、建筑用地、矿区废弃地以及交通用地等；中低植被覆盖是矿区自然生长的荒地和草地；中植被覆盖对应植被稀疏的林地，以及退化的土地；中高植被覆盖包括生长密集的草地等；高植被覆盖度涵盖了植被生长最旺盛的林地。

5.4.2.2 矿区植被覆盖年际空间变化特征

依据矿区植被覆盖度空间分布，将 2001 年、2007 年、2008 年和 2016 年 4 个时期的生长季植被覆盖度均值分为 5 个等级（图 5.3，图 5.4），进一步对各年份不同等级进行相关的统计（表 5.3），并采用转移矩阵法探究 3 个时间阶段的矿区植被覆盖度空间变化特征。

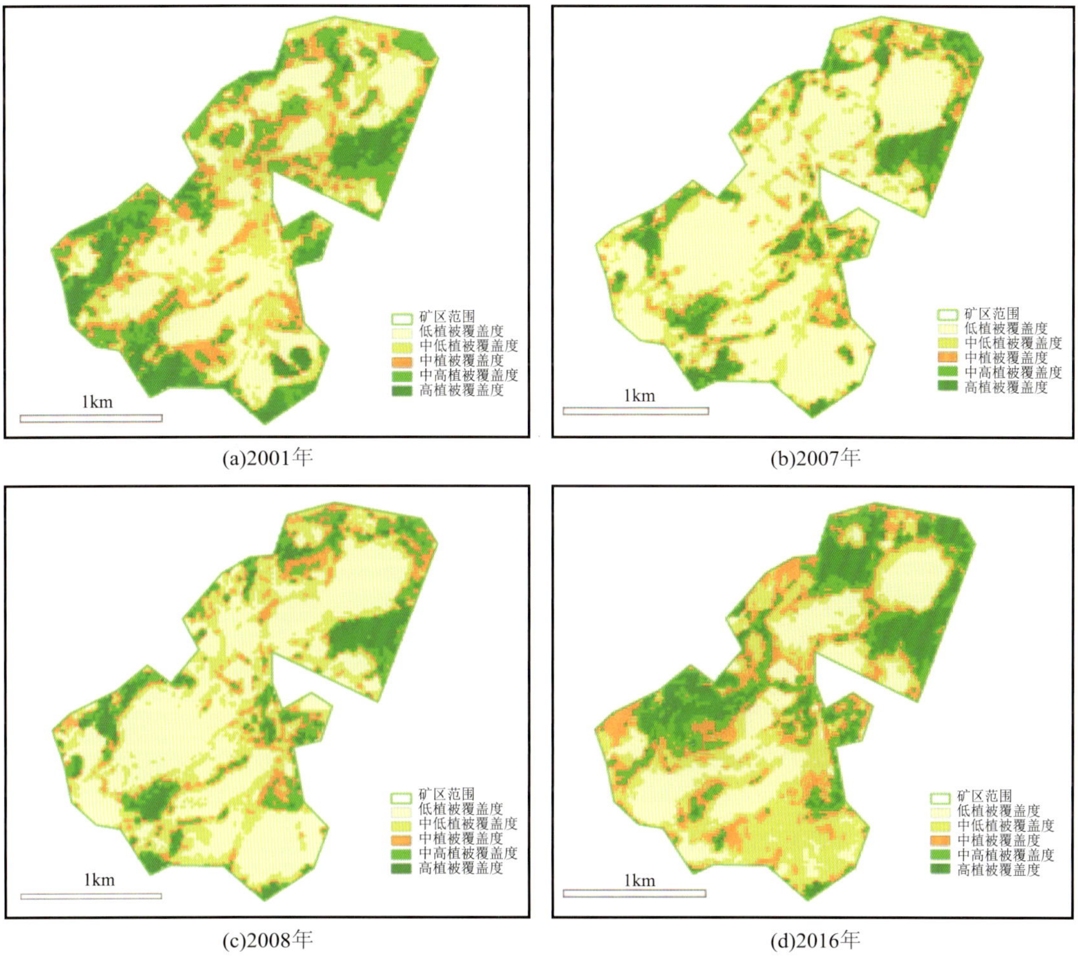

图 5.3　矿区 4 个年份生长季植被覆盖度均值分级图

表 5.3　不同年份不同植被覆盖等级分布表

等级编号	2001 年		2007 年		2008 年		2016 年	
	面积 /km²	比例 /%	面积 /km²	比例 /%	面积 /km²	比例 /%	面积 /km²	比例 /%
Ⅰ	2.88	29.90	5.03	52.25	4.36	45.23	2.39	24.85
Ⅱ	2.16	22.43	1.90	19.77	2.29	23.79	2.55	26.43
Ⅲ	1.64	17.05	1.03	10.73	1.21	12.54	1.86	19.30
Ⅳ	1.66	17.20	0.81	8.44	0.85	8.82	1.34	13.87
Ⅴ	1.29	13.41	0.85	8.81	0.93	9.62	1.50	15.55

2001 年和 2007 年，矿区高植被覆盖度区域分别占矿区总面积的 13.41% 和 8.81%，占地面积分别为 1.29km^2 和 0.85km^2。比较来看，2001—2007 年，矿区植被覆盖度空间变化显著，仅高植被覆盖区域面积减少了 0.44km^2。2001 年和 2007 年，矿区低植被覆盖度区域分别占矿区总面积的 29.90% 和 52.24%，占地面积分别为 2.88km^2 和 5.03km^2。低植被覆盖区域面积增加了 2.15km^2，而中植被覆盖和中高植被覆盖也持续下降。2007 年，矿区中部区域处于低植被覆盖水平，原来有少量植被覆盖的区域变成了裸地，表明采矿用地

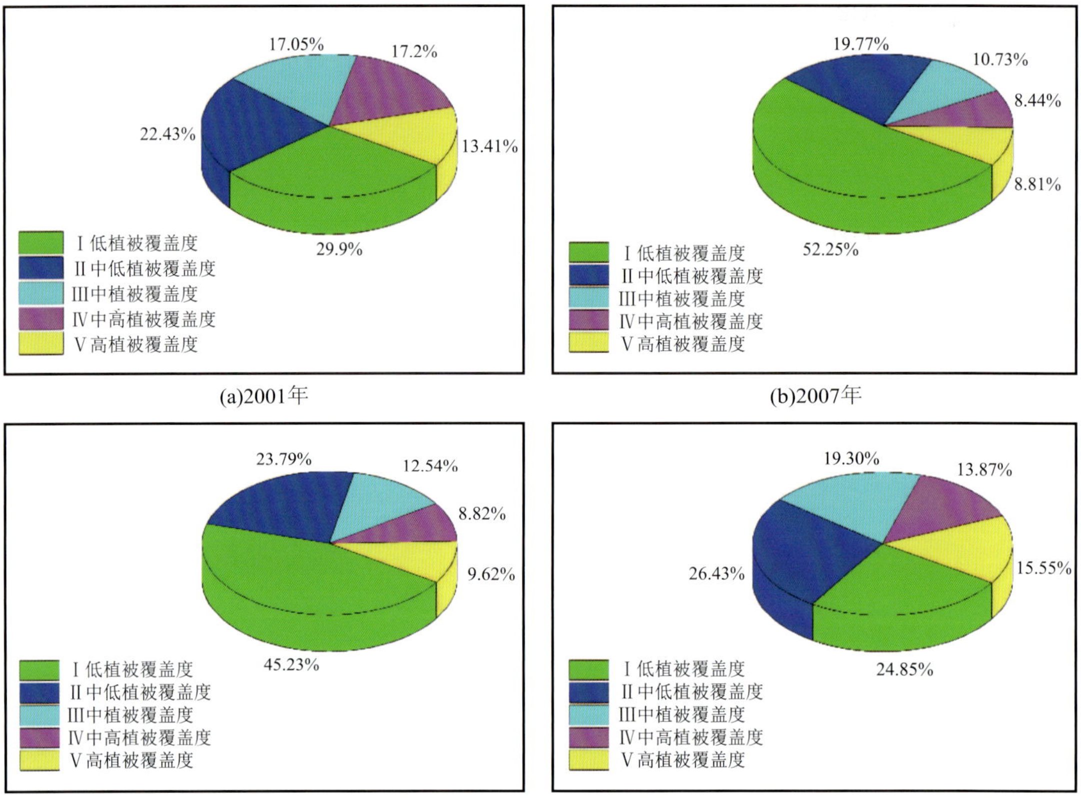

(c)2008年　　(d)2016年

图 5.4　矿区 4 个年份植被覆盖等级分布图

占地面积加大，直接影响了矿区植被覆盖度程度。矿区周围的小部分地区植被覆盖度也发生了变化，整体环境质量趋于下降。

2008 年，矿区低植被覆盖度区域占矿区总面积的 45.23%，占地面积高达 4.36km^2；高植被覆盖度区域占矿区总面积的 9.62%，占地面积仅为 0.93km^2。而 2016 年，矿区低植被覆盖度区域占地面积减少到 2.39km^2；高植被覆盖度区域占地面积增加到 1.50km^2。2008—2016 年，植被覆盖空间差异也十分明显，高、中高及中植被覆盖度区域面积均有所增加，依次增长了 0.67km^2、0.49km^2 和 0.6km^2。2008 年矿区植被覆盖度空间分布与 2007 年相比，主要变化是低植被覆盖度区域面积减少了 0.67km^2，可能是植被恢复工程实施影响了矿区植被覆盖空间分布。2016 年，矿区高植被覆盖区域较集中，主要分布在矿区西部的白马山排土场，闭矿的尾矿库和东北部的林地。

总之，2001—2016 年，矿区植被覆盖的空间格局呈现了很大的转变，矿区的植被分布由分散变得集中，布局更加合理，低植被覆盖面积大幅减少，中度以上植被覆盖区域面积明显增加，矿区的生态环境得到有效改善。中间过程矿区植被生长状况不佳，生态环境在某种程度上持续恶化，但近几年矿区的生态环境发展呈现好的趋势。

为进一步定量解译矿区各年份植被覆盖度的变化，分别利用转移矩阵法检测 2001—2007 年、2008—2016 年和 2001—2016 年 3 个时间阶段矿区植被覆盖度等级变化，如表 5.4、表 5.5、表 5.6 所示。

表 5.4 的结果说明，2001—2007 年，矿区 77.32% 低植被覆盖度区域面积未发生变化，而 53.40% 中低植被覆盖度区域、46.88% 中植被覆盖度区域、35.81% 中高植被覆盖度区域及 22.31% 高植被覆盖度区域均转化为低植被覆盖度区域。主要是由于铁矿开采导致山林破坏，使得植被覆盖度急剧降低，大量较高植被覆盖区域变为较低植被覆盖区域。相比之下，较少中度及以下植被覆盖度区域转变为高植被覆盖度区域。由此看来，植被恢复后续工作不足，不能弥补资源开采造成植被的破坏程度。

表 5.4　2001—2007 年矿区不同等级植被覆盖度转移概率矩阵

植被覆盖度等级转化 /%		2001 年				
		Ⅰ	Ⅱ	Ⅲ	Ⅳ	Ⅴ
2007 年	Ⅰ	77.32	53.40	46.88	35.81	22.31
	Ⅱ	15.65	26.43	22.44	19.10	15.26
	Ⅲ	4.63	13.09	16.09	13.02	10.61
	Ⅳ	1.44	4.05	11.79	19.05	13.55
	Ⅴ	0.95	3.03	2.80	13.02	38.26

2008—2016 年（表 5.5），65.94% 的高植被覆盖度区域未发生变化，与 2001—2007 年相比，矿区植被破坏程度减轻。仅 17.48% 中低植被覆盖度区域、8.86% 中植被覆盖度区域、5.62% 中高植被覆盖度区域及 2.96% 高植被覆盖度区域转化为低植被覆盖度区域，可能是由于开采活动强度减弱。然而，5.28% 低植被覆盖度区域，4.71% 中低植被覆盖度区域、16.62% 中植被覆盖区域以及 41.00% 中高植被覆盖区域变为高植被覆盖度区域，说明植被得到一定程度恢复。

表 5.5　2008—2016 年矿区不同等级植被覆盖度转移概率矩阵

植被覆盖度等级转化 /%		2008 年				
		Ⅰ	Ⅱ	Ⅲ	Ⅳ	Ⅴ
2016 年	Ⅰ	41.56	17.48	8.86	5.62	2.96
	Ⅱ	32.81	36.23	13.76	6.76	6.78
	Ⅲ	12.97	29.59	32.80	15.51	9.54
	Ⅳ	7.39	12.00	27.97	31.11	14.79
	Ⅴ	5.28	4.71	16.62	41.00	65.94

2001—2016 年（表 5.6），变化较大的分别是下降了 19.37% 的中高植被覆盖度区域和增长了 17.84% 的中低植被覆盖度区域。发生较高植被覆盖转化为较低植被覆盖急剧变化的区域主要表现为铁矿开采后的裸露地表，生态问题依然严重。

表 5.6　2001—2016 年矿区不同等级植被覆盖度转移概率矩阵

植被覆盖度等级转化 /%		2001 年				
		Ⅰ	Ⅱ	Ⅲ	Ⅳ	Ⅴ
2016 年	Ⅰ	43.34	20.21	19.05	16.12	9.93
	Ⅱ	30.63	31.30	27.72	17.24	19.10
	Ⅲ	11.97	26.35	22.44	20.12	18.82
	Ⅳ	6.29	14.32	18.41	20.06	16.29
	Ⅴ	7.77	7.82	12.38	26.47	35.87

5.4.3 矿区植被覆盖度时空演变

ArcGIS 的栅格计算功能模块，实现了模拟矿区植被覆盖的变化趋势。首先将长时间序列的植被覆盖度线性回归，得出的方程斜率表征了植被覆盖度矿区范围每个栅格点的变化趋势。如果斜率大于 0，说明这一栅格代表的植被覆盖度随时间变化而升高，并且数值越大增长越快。相反，当斜率小于 0 时，说明随时间变化植被覆盖度呈下降趋势。

本节利用趋势分析法对 2001—2007 年、2008—2016 年和 2001—2016 年 3 个时间段矿区植被覆盖度时空演变趋势进行定量化研究，分析不同时间段不同空间植被生长状况。

从图 5.5、图 5.6 及表 5.7 可以看出，在 2001—2007 年间，研究区同时存在植被覆盖改善与退化的区域。其中，退化面积为 4.94km^2，改善面积为 3.55km^2，退化面积明显大于改善面积。2001—2007 年间，退化的区域所占总面积比例达到 51.33%，主要以明显退化为主，面积占比达到 23.81%，中度退化以上区域主要集中分布在研究矿区白马山排土场以及沙河山采场。除此之外，中度改善和明显改善面积仅为矿区总面积的 10.76% 和 9.03%。

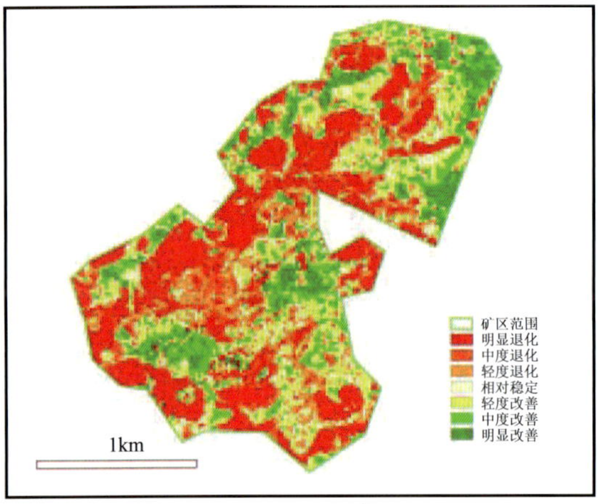

(a)2001—2007年

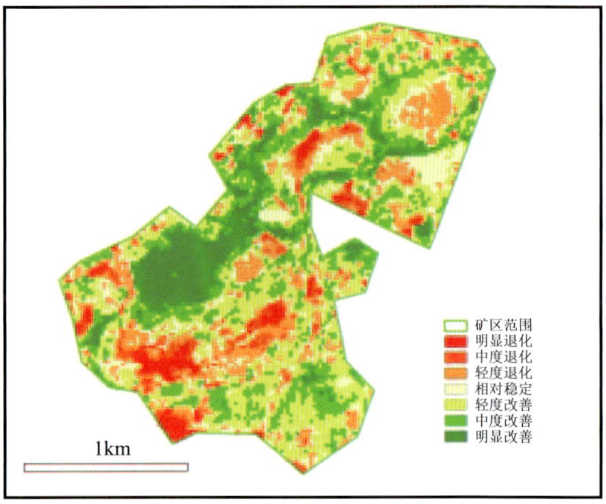

(b)2008—2016年

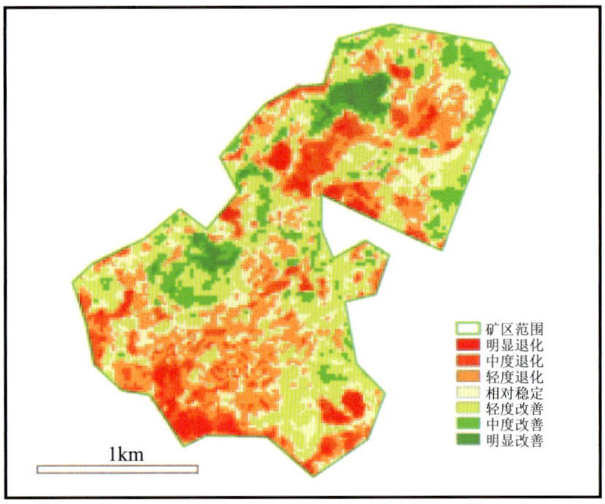

(c)2001—2016年

图 5.5　矿区 3 个时段植被覆盖时空演变趋势

表 5.7　矿区植被覆盖演变趋势统计结果

植被覆盖度变化水平	2001—2007 年		2008—2016 年		2001—2016 年	
	面积 /km²	比例 /%	面积 /km²	比例 /%	面积 /km²	比例 /%
明显退化（<－0.05）	2.29	23.81	0.30	3.15	0.33	3.44
中度退化（－0.05 ~－0.025）	1.22	12.66	0.52	5.37	1.04	10.82
轻度退化（－0.025 ~－0.005）	1.43	14.86	1.49	15.45	2.38	24.75
相对稳定（－0.005 ~ 0.005）	1.14	11.83	1.52	15.82	2.08	21.60
轻度改善（0.005 ~ 0.025）	1.64	17.05	2.70	28.00	2.64	27.43
中度改善（0.025 ~ 0.05）	1.04	10.76	1.77	18.40	0.87	9.02
明显改善（> 0.05）	0.87	9.03	1.33	13.81	0.28	2.95

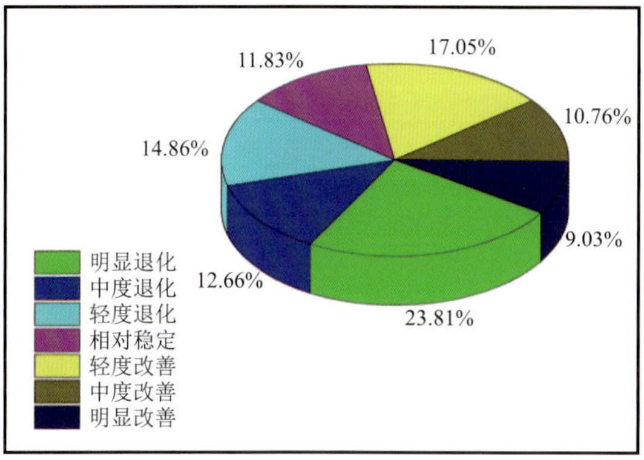

(a)2001—2007年

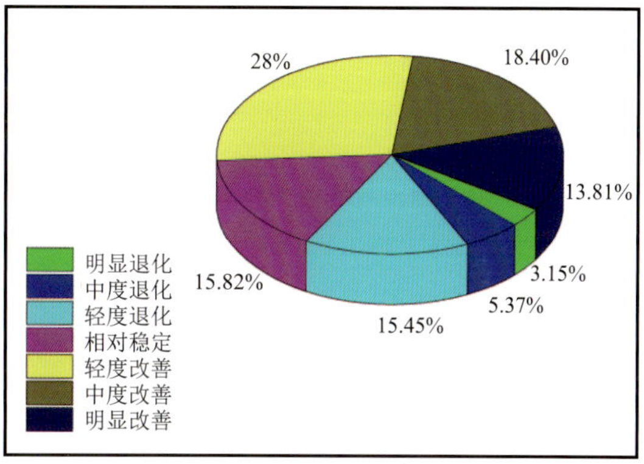

(b)2008—2016年

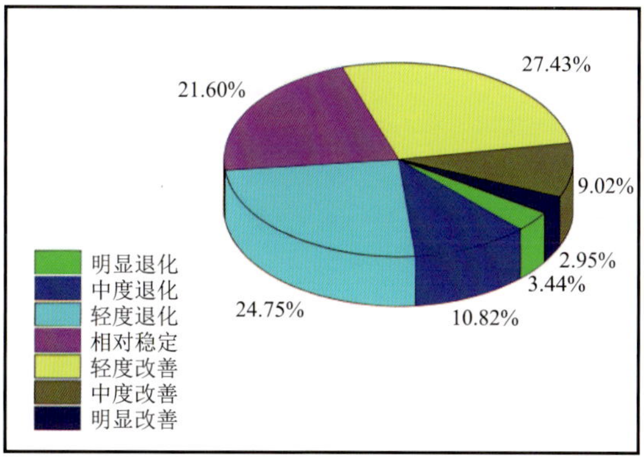

(c)2001—2016年

图 5.6　矿区 3 个时段植被覆盖时空演变程度分布图

2008—2016 年间，退化区域所占比例为 23.97%。这其中，轻度退化比例大幅度减少到 15.45%，中度退化区域比例下降到 5.37%，改善区域比例显著提高到 60.21%，明显改善达到 13.81%，中度改善为 18.40% 和轻度改善为 28.00%，中度改善程度以上区域主要集中分布在矿区白马山排土场和柳河峪排土场。

2008—2016 年较 2001—2007 年退化区域面积大幅减少了 2.63km²。其中，明显退化面积显著减少了 0.86km²，中度退化面积减少了 0.70km²。2001—2007 年和 2008—2016 年相对稳定区域所占面积分别为 11.83% 和 15.82%；两个时间段中轻度改善区域面积变化最大，增加了 1.06km²。中度改善区域和明显改善区域面积分别提高了 0.73km² 和 0.46km²。

2001—2016年间，退化区域面积为3.75km^2。这其中，轻度退化区域占比为24.75%，中度退化区域比例为10.82%。改善区域面积为3.79km^2，明显改善区域比例为2.95%，中度改善达到9.02%，轻度改善为27.43%，中度改善程度以上区域主要集中分布在矿区白马山排土场和尾矿库。2001—2016年矿区退化土地面积与改善土地面积基本持平，还需进一步加强实施生态治理工程。

在3个研究时段内改善区域都主要以轻度改善为主。2001—2007年主要呈现了矿区的植被退化，而2008—2016年表现出生态环境得到有效改善。而2001—2016年退化与改善共存，改善面积与退化面积相近，这也说明矿区的生态修复工作是一个长期过程。

通过对研究矿区2001—2016年植被覆盖时空演变分析，得出矿区植被覆盖趋于良性发展。目前，矿区整体植被覆盖水平还未达到较高水平。因此，仍需持续开展生态恢复与重建工作，修复被毁坏的土地资源及植被资源，实现矿区环境可持续发展。

利用Landsat数据，基于像元二分模型计算矿区2001—2016年生长季植被覆盖度，分别从时间和空间维度分析植被覆盖变化，探究研究区长时间序列上植被覆盖度变化演变趋势，得出了以下结论：

通过趋势分析法探究3个时段2001—2007年、2008—2016年和2001—2016年生长季矿区植被覆盖度演变规律发现：3个时段的变化趋势截然不同，2001—2007年以植被的退化为主要趋势，2008—2016年则以植被的改善为主，2001—2016年研究区植被覆盖趋于良性发展。研究区近年来进行的一系列生态恢复与重建工作产生了良好的效果，但目前矿区整体植被覆盖水平还未达到最理想状态，仍需持续开展土地复垦及植被恢复工作。总而言之，矿区的生态修复工作是一个长期过程。

6 矿区生态修复环境效益经济评价

由于资源环境影响的多样性、价值度量标准不一致性，投资收益率并不能用一个简单或统一的数学模型来表示。目前，各国、各研究机构对生态环境效益价值评估方面的研究，基本上处于无序状态，没有统一的、公认的评价体系，指标的设置差异很大。经济增长与资源环境、人类活动与资源环境之间的两大矛盾迫在眉睫，对环境资源价值评估是大势所趋。

6.1 矿区生态重建环境效益评价基础

6.1.1 环境价值评价基础

环境价值评价的基础是环境，是一种资源。1972 年，联合国环境规划署（UNEP）指出，所谓自然资源，是指在一定时间条件下，能够产生经济价值以提高人类当前和未来福利的自然环境因素的总称。可见，环境是自然资源。《英国大百科全书》中，把自然资源说成是人类可以利用的自然生成物，以及生成这些成分的环境功能。前者包括土地、水、大气、岩石、矿物、生物及其群体、森林、草地、矿藏、陆地和海洋等；后者则指太阳能、环境的地球物理机能、生态系统的环境机能、地球物理循环机能等。这个定义明确指出，环境功能也是自然资源。因此，环境是一种资源。

长期以来，支配着人们经济活动的价值观，是在对物质无限增长的追求中形成的商品价值观。在这样的商品经济社会中，任何物质的存在只有转化为商品时，才能成为被社会承认的价值存在。环境资源由于难以转化为商品，所以常常被认为是没有价值的。关于环境资源价值的论点，目前比较流行的有两大学派，即马克思的劳动价值论和效用价值论。马克思的劳动价值论认为，劳动是价值的源泉。商品的价值量是由生产这一商品的社会必要劳动时间决定的，是凝结在商品中的一般人类劳动。马克思的劳动价值论论述了使用价值和交换价值间存在的对立统一关系，首创了劳动二重性理论，指出价值与使用价值共处于同一商品体内，使用价值是价值的物质承担者，是商品的自然属性，它是由具体劳动创造的，价值是商品的社会属性，它是由抽象劳动创造的。运用马克思的劳动价值论来考察环境资源的价值，关键在于确认环境资源是否凝结着人类的劳动。长期以来，由于人们对马克思劳动价值论的片面理解，认为环境不是人类劳动的产物，环境资源没有价值。这种观点是不正确的。马克思并没有说，所有的环境资源都没有价值，而只是说没有经过人类劳动的自然物品没有价值。而事实上，时至今日，完全没有人类干预的纯自然环境已经很少了。由于人类活动作用于环境（比如人类认识、勘探、开发和保护自然资源），使得环境资源已经凝结了人类的劳动。由于人类劳动在环境资源中的凝结，使得环境资源具有价值。

效用价值论认为，环境资源对人类是有用的，同时它也是稀缺的，即商品的效用是价值的源泉。所谓效用，是指物品满足人的需要的能力。但效用只是形成价值的必要条件，还必须有充分条件，即物品的稀缺性。根据这种理论，一种物品是否有价值，要看它是否对人类有用，是否是稀缺的，环境资源对人类有用，同时环境资源具有稀缺性，因而环境资源具有价值。马克思的劳动价值论和效用价值论都承认环境资源是有价值的。

经济外部性理论是 20 世纪初（1910 年）由著名的经济学家马歇尔提出的，包括外部经济性和外部不经济性。而环境问题都是外部不经济性的必然结果，即私人成本社会化了。要解决这一问题，必须使私人成本内部化。由于社会成本一般远大于私人成本，如果将私人成本内部化，就可减少甚至消除社会成本。就全社会而言，可以用较少的投入，减少较大的损失，在经济上是可行的。经济外部性理论揭示了经济活动中一些低效率资源配置问题的根源，又为解决环境外部性问题提供了可供选择的思路和框架，所以说经济外部性理论是环境经济评价的理论基础。

在现实生活中，大量存在不具备明确的产权特征，形体上难以分割和分离，消费上不具备专用性和排他性的物品，即公共物品。许多环境物品就是公用物品。由于公用物品具有供给的普遍性和消费的非排他性，使得私人市场缺乏动力，不能有效地提供商品和服务。由于环境资源存在外部性和公共物品性，其价值形式不能自动反映在市场运行过程中，所以导致市场失灵。传统的市场经济无法解决环境资源的价值问题。但环境经济学通过为环境物品规定价格或建立市场，就有可能通过竞争市场解决环境问题，并用效率标准来判断解决效果。

6.1.2 环境功能和环境效益评价基础

环境经济学是指运用经济科学和环境科学的原理和方法，分析经济发展和环境保护的矛盾，以及经济再生产、人口再生产和自然再生产三者之间的关系，选择经济、合理的物质变换方式，以使用最小的劳动消耗为人类创造清洁、舒适、优美的生活和工作环境。

环境功能和环境效益是两个既有联系又相互区别的概念。前者是劳动价值论中使用价值的概念，而后者是效用价值论中效用的概念。环境功能是指环境资源提供各种物质产品和环境服务的能力。环境功能是客观存在的，是一种使用价值，它不依人类社会是否对其实际利用而客观存在。环境效益是指环境功能被人类社会实际利用后所产生的经济和社会效果，其价值计量属于效用价值论的范畴。效用不同于使用价值，它属于主观的范畴。只有当使用价值被人实际利用，并使利用者获得一定的利益时，才产生了效用。一定数量的物品，其效用程度越高，消费者的支付意愿越强，其价值量越大，反之则越小。人们在社会生产和再生产过程中占用和消耗一定量的劳动，不但会产生一定数量的对人类有用的劳动成果，即产生直接经济效益的环境物品，而且在人和自然进行物质和能量交换的过程中，给生态系统的生物因素和非生物因素带来了影响，并作用于整个生态系统的生态平衡，从而使生态系统的环境质量发生变动。

在经济发展过程中，如果生态系统环境质量朝人类认为是好的方向变动，则称其为生态环境效益。生态环境效益评估的实质，是人们从生态工程中所获得的对人类有用的环境效益价值大小的评估，而并非生态工程中所凝结社会必要劳动量的评价。生态环境效益价值评估不同于生态环境评价，生态环境评价是把整个环境作为评价对象，从能反映环境状况的总体指标出发，对环境状况做出分析与评价。而生态环境效益价值评估，则是针对一定时期某项具体工程所产生的生态环境效益大小的估计。

6.2 矿区生态重建功能

矿区生态重建的目的：①实现矿产资源的合理开发利用及矿山地质环境的有效保护，为矿山矿业经济和社会经济的可持续发展服务；②消除矿山废石场地质灾害隐患，绿化、美化矿山废石场边坡，创建美好生态环境。

从环境经济学的观点分析，矿区生态重建工程功能，不仅包括有效实物产出，而且更多的是环境资源效益，它包括生态环境资源效益和社会环境资源效益。矿区生态恢复工程的功能表现，如图 6.1 所示。

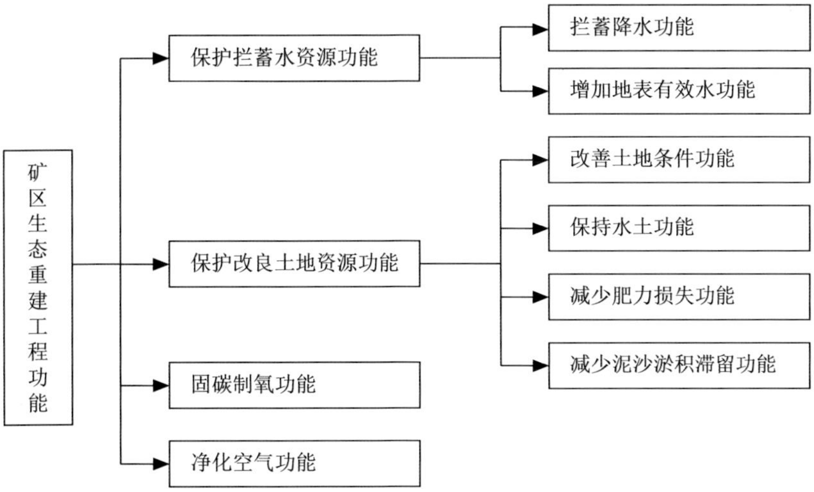

图 6.1　矿山生态重建功能结构

6.2.1 保护拦蓄降水

保护拦蓄降水功能主要表现为：拦蓄降水、增加地表有效水等。由于森林生态系统的特殊性质，使得它在陆地生态系统中具有最大涵养水源能力，凭借其庞大的林冠、厚厚的枯枝落叶和发达的根系，能够起到良好的蓄水和净化水质的作用。在洪水季节可以蓄水防涝，在干旱季节则可以供水抗旱，故被誉为绿色水库。在没有森林的情况下，降水会通过江河很快流走，而在有森林的情况下，森林就会对降水起到充分的蓄积和重新分配作用，将其大部分变为有效水在原有地区循环。森林改变了降水的分配形式，其林冠层、林下灌草层、枯枝落叶层、林地土壤层等通过拦截、吸收、蓄积降水，涵养了大量水源。森林可通过降水截留、蒸散、土壤渗透、减少地表径流等综合作用削减洪峰流量，推迟洪峰到来时间，增加枯水期流量，推迟枯水期的到来时间，减少洪枯比，增加水资源的有效利用率。研究表明，小流域森林覆盖每增加 2%，约可以消减洪峰 1%，当流域森林覆盖率达到最大值 100% 时，森林削减洪峰的极限值为 40% ~ 50%；森林土壤根系空间达 1m 深时，$1hm^2$ 森林可贮存水 200 ~ $2000m^3$，比无林地能多蓄水 $300m^3$。

6.2.2 保护改良土地资源

植被保育土壤的效能表现为：改善土地条件、保持水土、减少肥力损失、减少泥沙淤积滞留等。茂密的森林凭借它庞大的树冠、深厚的枯枝落叶层，不但截留天然降水，还可有效地减轻雨滴对土壤的直接冲击。林地下强壮且成网络的根系，与土壤牢固地盘结在一起，从而起到有效的固土作用。森林调节土壤温度和湿度，改善了局地温湿条件，森林凋落物层有减小地表径流、增加土壤腐殖质和营养元素、保水、保肥能力；森林土壤生物类群丰富，有提高土壤生物生化活性和促进生物培肥的作用，根系深入土层，能促进土壤熟化过程，改善土壤结构。

植被可减少径流泥沙量，优化水质，减少水土流失。森林通过冠层截留，有效地减弱了降水对地表土层的侵蚀；凋落物的过滤作用使径流中的泥沙明显减少；森林土壤的良好渗透性使地表径流最大程度地转变为地下径流；林地土层中的根系纵横交错，具有固结土壤，减少滑坡和泥石流的作用。因此，林区的地表径流及土壤侵蚀都很小，河流泥沙含量及有机质的流失也随之减少，水质良好。森林减少了地表径流，亦减少了水土流失。

6.2.3 固碳制氧

全球碳循环中，对大气 CO_2 浓度平衡影响最大的是全球生物碳循环和人类活动。生物碳循环是地球上的绿色植物和海藻通过光合作用吸收水分，固定大气中的 CO_2，释放 O_2，将生成的有机质储存在自身组织中的过程。陆地生态系统中，森林生态系统是对碳循环影响最大的自然因素，其地上部分及土壤中的碳储存量分别占全球陆地植物和土壤中碳储存量的 83% 和 63%。森林是 CO_2 的主要消耗者，它主要以 CO_2 作原料，利用太阳能进行光合作用，固定和储藏碳，同时释放出氧气。这一功能对于人类社会、整个生物界以及全球大气平衡，都具有极为重要的意义。1997 年联合国气候变化框架公约东京会议以后，已确认 CO_2 排放是温室效应的主要原因之一，CO_2 的排放和污染成为国际社会的热点问题之一，各国政府承诺减少导致温室效应的气体 CO_2 的排放。森林是全球陆地生态系统中最大的碳库，全球现有森林总储碳量（1146Gt）约占土壤和植被所储存碳的 46%。且能以各种形式储存 CO_2，从而有助于缓和全球的温室效应。研究表明，森林每生产 10t 干物质，可吸收 16t CO_2，释放 12t O_2；森林每长出 $1m^3$ 的蓄积量，大约可吸收固定 350kg 的 CO_2。

6.2.4 净化空气

森林的净化空气功能，主要包括吸收污染物质、阻滞粉尘、杀灭病菌和降低噪声。树叶树枝表面粗糙不平、多绒毛、能分泌黏性油脂和汁液等，所以能吸附、粘着一部分粉尘，降低大气中的含尘量。环境科学研究显示，大气中主要存在二氧化硫、氮氧化物等有毒有害气体，这些污染物直接或间接对人体健康及其生存的环境产生影响。生物从周围环境吸收自身需要的化学营养物质进行生物合成作用，转变为生物体本身的有机物质。在这个循环过程中，生物中吸收营养物质的同时，也会吸收一些不需要的或有害的化学物质，这些物质在循环过程中不断迁移、转化、分散、富集，其形态、化学组成和性质也发生相应的变化。例如，酚类污染物、氰化物等被植物的吸收和分解等。此外，许多树木和植物都能分泌出杀菌素，并有很好的杀菌作用。森林可在一定程度上有效地减轻工业、交通、施工及社会生活噪声等无形的环境污染，减低光化学烟雾污染和吸收放射性物质，起到滞尘作用。

6.3 矿区生态修复环境效益经济评价

6.3.1 环境效益经济评价指标获取

6.3.1.1 拦蓄保护水资源的价值

拦蓄保护水资源的价值主要由两部分构成，主要通过等效替代法评估。

（1）林地拦蓄降水价值

水利富民生态重建工程中，林地拦蓄降水的价格，可通过如下公式求得：

$$V=Q\times P \qquad (6.1)$$

式中：V 为林地拦蓄降水价格，元；Q 为林地拦蓄降水量，m^3；P 为林地拦蓄降水的价格，元 /m^3。

a. 林地拦蓄降水量的确定方法

林地拦蓄降水总量的计算方法，主要有土壤蓄水能力法、水量平衡法和年径流量法。

土壤蓄水能力法：根据林草地土壤的非毛管空隙度计算出林地土壤的蓄水能力，再结合当地的年降水量，可以求出林地的年涵养水源量。其计算公式为

$$\Delta W_t=(P-T)\cdot H\cdot A\cdot r \qquad (6.2)$$

式中：ΔW_t 为林地土壤贮水量，m^3；P 为林地土壤非毛管孔隙度，%；T 为对照荒地土壤非毛管孔隙度，%；H 为土壤渗透的峰面厚度，即土层厚度，cm；A 为林地面积，hm^2；r 为水的比重。

年径流量法：该法基于这样一种假设，即林地与其他类型土地（耕地、荒山、荒地等）每年的蒸散耗水量都相同，那么林区的年径流量可以根据各地区的年径流量乘以林木覆盖率来求。

水量平衡法：林地拦蓄降水的总量，是降水总量与林地蒸散量及其他耗水的差值。水量平衡法的计算方法：根据林区的水量平衡原理，林地拦蓄降水的总量是林区平均降水量与林地蒸散量及其他消耗的差，即：

$$Q=A(P-E-C) \qquad (6.3)$$

式中：Q 为林地拦蓄降水总量，m^3；A 为森林拦蓄降水控制面积，hm^2；P 为全年降水量，

mm；E 为蒸散量，mm；C 为地表径流量，mm。

由于土壤蓄水能力法比较复杂，需要多年定点的实测值，难以应用；年径流量法是建立在一种假设条件下，而实际这种假设条件是不成立的，所以计算误差可能较大；而水量平衡法计算简便，且能从宏观上反映现实情况，同时国内外林地涵养水源研究的理论和实践表明，水量平衡法是计算林地涵养水源量的最佳方法，此法容易操作，只要测量蒸散量，就能得到较准确的水源涵养量，所以本书将采用水量平衡法计算林地拦蓄的降水量。

b. 林地拦蓄降水价格的确定方法

从国内外相关研究来看，大多都采用等效替代法。即把林地拦蓄降水效益等效于一个蓄水工程的蓄水效益，采用该蓄水工程的单位修建费用或者说单位造价（元 /m^3）作为林地拦蓄降水的价格，从而可以间接地测知林地拦蓄降水的价值。由于水利工程的造价较容易得到，所以林地拦蓄降水的价值也就可以得到了。

（2）林地增加地表有效水价值

由于有林地比无林地通过拦蓄降水，调节了江河年径流量格局，延长了丰水期，缩短了枯水期，从而提高了农田灌溉和生活用水的能力，由此而产生的效益即为林地增加地表有效水的效益。根据有林地和荒草地拦蓄降水量的差值，可以得出林地增加地表有效水的量，计算公式如下：

$$Q=\sum_{i=1}^{n}S_i(H_i-H_0) \qquad (6.4)$$

式中：Q 为林地增加地表有效水的量，t；S_i 为第 i 树种的面积，hm^2；H_0、H_i 分别为对照地和第 i 树种单位面积的拦蓄降水能力，m^3/hm^2；n 为树种种类。

根据实测可以得到各树种和荒地单位面积的拦蓄降水能力，按照各树种实际的控制面积便可求出林地增加地表水的量。以当地平均生活用水价格和所求得的林地增加地表有效水的量，便可得到林地增加地表水的价值。

6.3.1.2 保护改良土地资源价值

（1）改善土地条件价值

矿区生态重建工程采取了一系列水土保持措施，比如修等高垅、以鱼鳞坑营造防护林、果树等措施。这些措施的实施，极大地改善了生产条件，从而使山荒地变成具有更高生产价值的资产，可通过荒地和措施地的租赁价格计算出改善土地条件的价格，按照实际发生的措施面积来计算改善土地条件的价值。

（2）减少土地损失价值

矿区生态重建工程中水土保持措施的实施，还有效地控制了水土流失，减少了土壤流失量和土地退化，从而减少了土地资源的损失。其价值可通过机会成本法计算，即将措施增加的面积看成土壤侵蚀面积，按实际土壤侵蚀模数，计算出土壤侵蚀量，然后再根据土壤容重将侵蚀量换算成土地损失面积，按照土地买卖的价格，可以计算出减少土地损失的价值。

（3）减少土壤肥力损失的价值

生态重建工程中水土保持措施的实施，不但有效地控制了水土流失，还有效地减少了土壤中氮、磷、钾和有机质的流失。通过对比有无实施水土保持措施土地的土层厚度和土壤养分含量，可计算出实施水土保持措施土地中土壤所含养分，然后以此折算为尿素、过磷酸钙、氯化钾等化肥的数量，根据现行化肥等的价格，可计算出采取措施后减少土壤肥力损失的价值。减少氮、磷、钾养分损失量价值的计算，可将土壤中纯氮、磷、钾分别换算成磷酸二铵和氯化钾之量。因氮、磷包含在同一种复合肥中，故可以一起计算。计算公式如下：

$$V_{\mathrm{f}} = d \cdot s \sum_{i=1}^{n} P_{1i} \cdot P_{2i} \cdot P_{3i} \tag{6.5}$$

式中：V_{f} 为保肥效益经济评价值，元；S 为减少土壤流失的面积，hm^2；D 为土壤侵蚀模数；P_{1i} 土壤中氮、磷、钾的含量，%；P_{2i} 纯氮、磷、钾折算成化肥的比例，%；P_{3i} 各类化肥的销售价，元 /t 。

（4）减少泥沙淤积和滞留价值

土壤侵蚀流失的泥沙淤积于水库、江河和湖泊，减少了地表有效水的蓄积。因此，可根据蓄水成本计算减少泥沙淤积的价值。滞留的泥沙，可采用恢复费用法来计算，即用恢复成原来的状态需要花费的成本来计算减少泥沙滞留的价值。

6.3.1.3 森林固碳制氧的价值

林地面积的增加，使矿区生态系统吸收二氧化碳、制造氧气的能力增加，改善了大气环境，同时还将太阳能转化为化学能贮存在碳水化合物中。

（1）森林固碳制氧和转化太阳能数量的计算方法

1）光合作用法。根据光合作用化学反应方程式，确定森林所能固碳制氧以及转化太阳能的比例关系，然后按照实际的森林面积、年材积生长量及树枝和树根等的重量，便可计算出森林固定二氧化碳、提供氧气及转化太阳能的数量。

2）实验测定法。通过测定不同树种或不同覆盖率下森林年固定二氧化碳和提供氧气以及转化太阳能的能力来计算。

3）森林蓄积量法。计算森林对二氧化碳的固定就是求解一定时期内森林碳库的变化，主要是通过森林蓄积的增加与森林内其它生物成分之间的关系，求取由于森林蓄积的增加带来的整个森林碳库的变化。

4）调查统计法。主要用于确定森林供氧量。其过程为：根据森林调查统计资料，确定每公顷林地的干材和枝丫的年生长量，枝丫年生长量通常采用与干材年生长量关系比的形式来表示；确定每公顷林地的木材总生长量和生物质总生长量，并按树种采用绝干比重法换算为绝干物质；再运用生产 1t 绝干材释放氧气量（重量）指标，计算出氧气的年生产量。

（2）森林固碳制氧和转化太阳能价值的计算方法

1）温室效应损失法计算森林的固碳价值。用温室效应损失法计算森林纳碳价值的基本思路是：将森林减少而使二氧化碳增加所导致温室效应损失的估算价值的相应部分，作为森林的纳碳价值。用温室效应损失法估算森林纳碳价值的前提是，假设温室气体二氧化碳增加导致各种损失，并用对这种损失的估算值来代替森林的固碳价值。这里存在一个问题：温室效应造成损失的分布是不均衡的。温室效应可能给有的地区带来损失，也可能给另外一些地区带来益处。因此，在运用该法时，首先要判定该区是温室效应的受损区还是受益区，只有受损区才能运用该方法。

2）造林成本法计算森林的固碳和供氧价值。用造林成本法计算森林固碳价值的基本思路是：按照单位面积森林蓄积的固碳量，以及单位森林蓄积的平均造林成本，计算出森林吸纳固持二氧化碳的价值。用造林成本法计算森林供氧价值的基本思路是：按照单位森林蓄积的吐氧量，求出每放出 1t 氧气需要多少森林蓄积量，然后按照单位森林蓄积的平均造林成本计算森林的供氧价值。

3）碳税法计算森林的固碳价值。用碳税法计算森林的固碳价值的思路是：按照森林固持二氧化碳的量以及碳氧分配系数，计算出纯碳含量，再借用碳税的影子价格，即可算出森林的固碳价值。

4）工业制氧法计算森林的供氧价值。用工业制氧法计算森林供氧价值的基本思路是：采用氧气工业生产费用（成本）来代替森林的供氧价值。森林提供氧气的价格可根据造林成本、氧气的商品价格和人工生产氧气的成本等方法来计算。据测定，根据我国近年来的造林成本，推算出我国森林生产氧气的成本为 39.70 元 /t。

5）热值法计算森林转化太阳能的价值。太阳能被树木固定后，其能量体现形式主要是燃烧。因此，其价格可用石油、煤炭、木柴、天然气等燃烧值价格类推计算。

6.3.1.4 净化空气的价值

生态重建工程中各种生物措施，特别是森林通过吸收和降解作用净化了大气环境。其价值可用有关研究数据分析、测算。森林净化空气的机能主要有吸收污物、阻滞粉尘、杀除细菌、降低噪声及释放负氧离子和萜烯物质。森林净化空气价值的计算，一般是根据森林面积及森林对有害物质、噪声、辐射等的减除能力及影子价格计算。采用等效替代法可以计算森林净化空气的值，计算方法：吸收二氧化硫的价值 =（针叶林面积 × 针叶林吸收二氧化硫能力 + 阔叶林面积 × 阔叶林吸收二氧化硫能力）× 二氧化硫污染治理费用。吸收氟化物的价值 =（针叶林面积 × 针叶林吸收氟化物能力 + 阔叶林面积 × 阔叶林吸收氟化物能力）× 氟化物排污收费标准。吸收氮氧化物的价值 =（林地面积 × 森林吸收氮氧化物的能力）× 氮氧化物排污收费标准。

6.3.2 保护拦蓄水资源评价

（1）拦蓄降水评价

生态系统涵养水源功能主要是以凋落物和根系作用下的土壤蓄水功能来实现的。这是因为凋落物和根系在土壤微生物的作用下，土壤的容重、非毛管孔隙度、总孔隙度等土壤物理性状得以改善，土壤蓄水功能得以提高。据测定，刺槐林地年平均含水率比采伐迹地高 2.29%，特别是雨季（7 月中旬至 9 月初）刺槐林地的含水率比采伐迹地要高出 2.40% ~ 3.66%，林地能够对降水进行再分配，比无林地具有更好的拦蓄降水的作用。在林地，森林涵养水源量可达到降水的 55%；而在裸露地面，约 55% 的降水变为地表水流失。森林犹如巨大的水库，据测算，6666.7hm^2 的森林，相当于 $200 \times 10^4 m^3$ 的水库的拦蓄能力。

森林涵养水源效益是森林生态系统的重要生态效益，其价值主要表现为林地拦蓄降水的价值和林地增加地表有效水的价值。重建工程实施一年来，研究矿区新增绿化面积

$38.4hm^2$。林地面积的增加，改善了矿区的生态环境，产生了巨大的生态环境价值。

林地拦蓄的降水量可通过水量平衡法来计算。我国从20世纪60年代初开始森林蒸发散的研究工作。据大多数研究结果得知，森林生态系统的蒸发散量大约占降雨量的40% ~ 80%。研究区平均降水量651.9mm。根据张志强等[58]人在密云测算出的林地蒸发散量的研究结果，林地蒸发散量占降雨量的66.5%，地表径流量占降雨量的1.71%。林地拦蓄降水的量可按工程期各年新增林地累计面积，即新增林地面积计算，根据公式（6.5）计算出一年来林地拦蓄的降水总量为$79.37 \times 10^4 m^3$。这意味着多修建了一座能蓄水$79.37 \times 10^4 m^3$的水库。若没有这些林地，则这些水将可能变成地表径流，白白浪费掉；或者泛滥成灾，引起水土流失。若要把这些水拦蓄起来，势必修建水库，根据修建水库所需要的经费额可以计算出林地拦蓄降水的价值，即等效替代法。

根据相关研究，由于社会经济的发展及物价水平的不断上涨，单位库容造价不断提高。根据国民经济增长率和物价上涨指数，进行调整后的单位库容造价为：单位库容造价为5.71元$/m^3$，根据资金时间价值调整为9.65元$/m^3$。

经计算，重建工程新增林地拦蓄降水的价值为：765.9×10^4元。

（2）增加地表有效水评价

从油松林地和对照荒坡地土壤水分动态变化测定结果看，油松林地土壤含水率比对照荒坡平均增加了3.7%，在雨季增加量更多。可见，林地土壤渗透率大，能有效地吸收雨水，增加土壤水分贮存量。

林地土壤蓄水效益（非毛管孔隙蓄水）平均每年$445.6t/hm^2$，荒草地土壤蓄水效益为$92.30t/hm^2$。以研究区平均生活用水价格3.40元$/m^3$计算，可以得出林地增加地表有效水的价值为4.59×10^4元。

（3）拦蓄保护水资源评价

一年中拦蓄保护水资源总价值为770.5×10^4元。

6.3.3 保护改良土地资源评价

生态重建工程通过一系列水土保持措施，如土地整改措施、工程措施和生物措施，使各地的土地生产条件得到了改善，水土流失得到了有效控制。

（1）改善土地条件

依据生态恢复工程的规划，实施了坡地改造，以鱼鳞坑营造防护林等水土保持措施，极大地改善了当地的生产条件，从而使尾矿库及废石场变成了具有生产价值的资产。重建工程实施一年来，研究矿区新增绿化面积$38.4hm^2$。

根据矿区所在地社会经济条件，采用市场价值法计算出的林地价格为68.03×10^4元，改善土地条件后，土地增值价格为2612.4×10^4元。

（2）水土保持综合措施减少土地损失的价值

通过各项措施的实施，尤其是造林种草措施的实施，使得水土流失得到了一定程度的控制。其水土保持综合措施减少土地损失的效益十分显著。矿区水土流失减少量可通过综合措施增加的面积来计算。

重建工程实施一年来，研究矿区新增绿化面积$38.4hm^2$。据全国遥感调查资料，华北地区土地侵蚀模数为 1133.47t/（$km^2 \cdot a$）。由此可计算出，如果不采取这些综合措施，一年的土地侵蚀量为 435.25t。

由于，土壤平均厚度 0.3m，土壤容重 $1.1t/m^3$，则减少水土流失面积为 $0.13hm^2$。

因为土壤流失的结果，使这些土地失去生产力。因此，水土保持综合措施减少土壤流失，保护土地的价格应用土地转让价格 68.03×10^4 元，减少土地损失的价值 8.84×10^4 元。

（3）水土保持综合措施减少土壤肥力损失的价值

土壤侵蚀带走了大量的土壤营养物质，主要有氮、磷、钾和土壤有机质。

经测得矿区生态恢复后地表层土壤有机质含量平均为 0.19%，全氮含量平均为 0.02%，全磷含量为 3.85%，全钾含量为 4.87%。由于土壤侵蚀造成氮、磷、钾和土壤有机质大量损失，使土壤肥力下降。要保持土地的生产力，就必须增施大量化肥和有机肥料。因此，可用增加化肥的费用来代替土壤氮、磷、钾损失的价值，即用替代市场价值法来计算水土保持综合措施，减少土壤肥力损失的价值。

根据北京市农业生产资料公司的数据，目前磷酸二按和氯化钾的市场价分别为 2200 元 /t 和 1400 元 /t。折算成纯氮、磷、钾化肥的比例分别为：132/14，132/31，75/39。

根据公式（6.5）计算出水土保持综合措施减少土壤氮、磷、钾养分损失的价值为 1.89×10^4 元。

（4）水土保持综合措施减少泥沙淤积和滞留的价值

全国一般土壤侵蚀的泥沙有 24% 淤积于水库、江河和湖泊。这部分泥沙直接造成了水利设施蓄水量的下降，在一定程度上增加了自然灾害发生的机会。

如果土壤侵蚀流失的泥沙淤积于水库、江河和湖泊，减少了地表有效水的蓄积，因此，可根据蓄水成本计算减少泥沙淤积的价值。滞留的泥沙，可采用恢复费用法来计算，即用恢复成原来的状态需要花费的成本来计算减少泥沙滞留的价值。若泥沙容重取 $1.28t/m^3$，则减少泥沙淤积的数量相当于减少库容损失面积 $68.1m^3$。

由于目前单位库容造价为 9.65 元 /m^3，以此价格计算，水土保持综合措施减少泥沙淤积的价值为 787.44 元。

目前，挖取 1t 泥沙的费用大约为 10.4 元，所以，水土保持综合措施减少泥沙滞留的价值为 1086.38 元。水土保持综合措施减少泥沙淤积和滞留的价值为 1873 元。

（5）改良和保护土地资源的价值

改良和保护土地资源的价值为 2623.32×10^4 元。

6.3.4 固碳制氧评价

森林的固碳制氧功能，对于人类社会和整个动物界，对于全球气候平衡，都具有重要意义。森林生态系统吸收空气中的二氧化碳，通过光合作用，生成葡萄糖等碳水化合物并放出氧气，同时将太阳能转化为化学能贮存在碳水化合物中。其化学反应方程式为：

CO_2 (264g)+H_2O(180g)+ 太阳能 (28.353kJ) →葡萄糖 (180g)+O_2 (193g) →多糖 (162g)

在植物进行光合作用时，固定 CO_2 的同时，释放出 O_2，处于动态平衡状态，所以为了不重复计算，这里只计算固定 CO_2 的量及其价值。

根据植物光合作用方程式，可以算出：每得到 1g 植物干物质，需 1.62g CO_2，同时释放 1.2g O_2。在此过程中，还将 28.353kJ 太阳能转化为化学能贮存在碳水化合物中。

实验测定法。据测定，我国北方森林的 CO_2 吸收率为 13.6t/hm^2，矿区新增绿化面积 38.4hm^2，则 CO_2 吸收量为 522.24t。

森林固碳及转化太阳能的价值计算有多种方法，比如温室效应损失法、造林成本法、碳税法等。比较各种计算方法的特点，结合研究区的实际情况，认为造林成本法比较适合矿区固碳价值的计算。

计算森林固碳价值的基本思路是：先求出单位面积森林的固碳量，然后按照造林成本计算固碳的价值。固碳造林的平均成本为 1.45×10^4 元/t，以此计算出的矿区固碳的价值为：

固碳的价值为 758.56×10^4 元；

吸收二氧化碳释放出氧气和能量的比为 1.62∶1.2∶28.353。

所以，释放能量为 9140167000kJ。

煤炭热值为 29000kJ /kg，煤炭价格为 900 元。

$900\times9140167000/29000=900\times315.18=28.36\times10^4$ 元。

则固碳制氧总价值为 786.92×10^4 元。

6.3.5 净化空气评价

森林具有吸收二氧化硫、氯化氢、氟气等污物、阻滞粉尘、杀除细菌、降低噪声及释放负离子和萜稀物质的能力，可以起到净化空气的作用。根据造林面积及森林对有害物质、噪声、幅射等的减除能力及影子价格，可以计算出森林净化空气的价值。

（1）吸收二氧化硫、氮氧化物、氟化物的总量

1）吸收二氧化硫的总量。据国家环保局南京科研所编写的《中国生物多样性经济价值评估》中的数据，阔叶树对二氧化硫的吸收能力为 88.65kg/hm^2。研究矿区新增绿化面积 38.4hm^2。由此计算出，吸收二氧化硫 3404.16kg。

2）吸收氟化物的总量。据环境保护科学研究所对以排放氟化氢为主的搪瓷厂附近林木的测定，阔叶树的吸收氟化物能力为最高，达 4.65kg/hm^2，矿区新增绿化面积 38.4hm^2，则可算出吸收氟化物的总量为 178.56kg。

3）吸收氮氧化物总量。国内对森林吸收氮氧化物的研究比较少见。这里，我们采用韩国的监测数据。据韩国测定，当氮氧化物生量为 1.067t 时，森林的吸收量为 6kg/hm^2，可能的吸收率为 3.5%。矿区新增绿化面积 38.4hm^2，吸收氮氧化物的总量为 230.4kg。

（2）国家废气排污费征收标准及计算方法

1）废气排污费按排污者排放污染物的种类、数量及污染当量计算征收，每一污染当量征收标准为 0.60 元。其中，二氧化硫排污费，第一年每一污染当量征收标准为 0.20 元，第二年（2004 年 7 月 1 日起）每一污染当量征收标准为 0.40 元，第三年（2005 年 7 月 1 日起）达到与其他大气污染物相同的征收标准，即每一污染当量征收标准为 0.6 元。氮氧化物在 2004 年 7 月 1 日前不收费，2004 年 7 月 1 日起按每一污染当量 0.6 元收费。

2）北京市二氧化硫排污费仍按经国务院同意、1999 年国家计委批准的收费标准执行，即高硫煤每千克二氧化硫排污费 1.20 元，低硫煤每千克二氧化硫排污费 0.50 元。2005 年 7 月 1 日起，低硫煤二氧化硫排污费标准为每一污染当量 0.60 元。本办法实施前两年，杭

州、郑州和吉林3个城市的二氧化硫排污费标准，按当地人民政府批准的总量排污收费标准执行，即杭州、吉林两个城市的二氧化硫排污费标准为每一污染当量0.60元，郑州市二氧化硫排污费标准为每一污染当量0.50元。2005年7月1日起，3个城市的二氧化硫排污费标准均按本办法规定执行。

3）对每一排放口征收废气排污费的污染物种类数，以污染当量数从多到少的顺序，最多不超过3项。

4）大气污染物污染当量数计算。某污染物的污染当量数=该污染物的排放量/该污染物的污染当量值。

其中，大气污染物污染当量值为：二氧化碳0.95，氮氧化物0.95，氟化物0.87。

5）排污费计算。废气排污费征收额=0.60元 × 前3项污染物的污染当量数之和。

6）大气污染治理费用。大气污染治理费用=0.60元 ×3项污染物的污染当量数之和；大气污染治理费用2383.20元，净化空气价值为2383.20元。

6.3.6 矿区生态重建环境经济效益评价

根据矿区生态重建工程的功能特点，将生态环境资源效益价值从拦蓄保护水资源价值、保护改良土地资源价值、固碳制氧价值和净化空气价值等4个方面进行统计。

拦蓄保护水资源价值，包括拦蓄降水价值和增加地表有效水价值。

通过水量平衡法计算出林地拦蓄的降水量，并利用等效替代法得出重建工程新增林地拦蓄降水的价值为：765.9×10^4元。

林地土壤蓄水效益（非毛管孔隙蓄水）平均每年445.6t/hm^2，荒草地土壤蓄水效益为92.30t/hm^2，以研究区平均生活用水价格2.00元/m^{3}计算，可以得出林地增加地表有效水的价值为2.7×10^4元，则一年中拦蓄保护水资源总价值为768.6×10^4元。

保护改良土地资源价值，包括改善土地条件价值、保持水土价值、减少肥力损失价值、减少泥沙淤积滞留价值。

工程实施一年来，矿区新增绿化面积0.38km^2、减少水土流失面积为0.13hm^2，改良和保护土地资源的价值为1.58×10^8元。

固碳制氧价值，矿区恢复工程植被一年释放9140167000 kJ能量，相当于燃烧315t煤，则得出固碳制氧的价值为28.36t。

净化空气价值，根据计算，矿区绿化一年吸收二氧化硫3404.16kg，吸收氟化物的总量为178.56kg，氮氧化物的总量为230.4kg。根据国家环保部门规定，减少排污费2383.2元。

综上，研究矿区生态重建工程环境效益为：

770.5万元+2623.32万元+786.92万元+2383.2元=4180.98（万元）。

如图6.2所示。

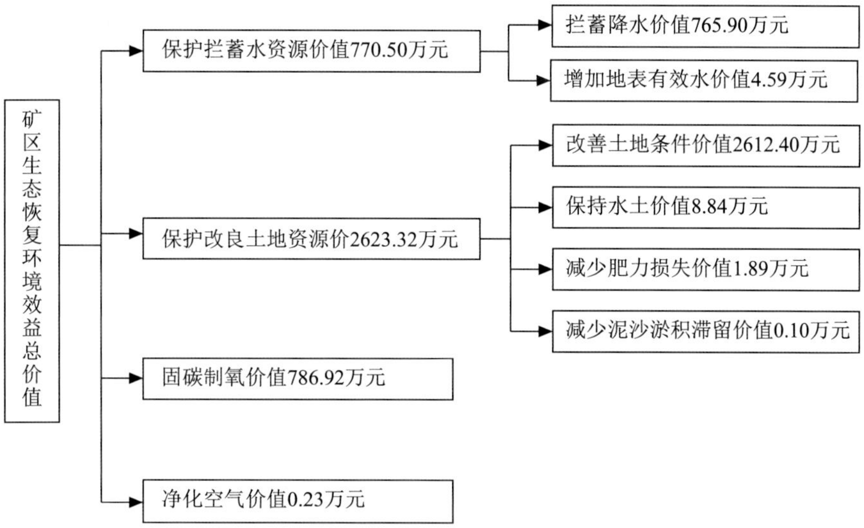

图 6.2　矿区生态重建环境效益经济评价图

7 典型矿区生态修复效果评价案例

采用前述章节确定的矿区生态修复评价指标及综合评价方法，以具有代表性的3个铁矿和1个石矿为例，对其生态修复案例进行实例分析。

7.1 迁安市某铁矿生态修复案例评价

7.1.1 自然地理概况

7.1.1.1 地形地貌

该矿山所处区域属燕山南麓丘陵地貌。区内最高山峰为白马山，海拔标高191.6m，地势西高东低，北有小沙河，东有滦河。小沙河河床海拔标高70m左右，为该区最低侵蚀基准面，相对高差128.6m。地势起伏较大，地形地貌类型较复杂。山不成脉，零星孤立，大部分地区为第四系沉积物覆盖。受矿业活动的影响，原有地貌景观、水资源、山林土地受到严重破坏，环境污染相当严重。

7.1.1.2 气象

该矿区气候类型属暖温带半湿润大陆性季风气候。据迁安市气象站观测资料，每年4~8月风向多为南风及东南风，9月至次年3月为北风及西北风；一般风力3级，最大可达9级。冬春两季干旱少雨，蒸发量大于降水量，多年平均降水量651.9mm（1956—2004年），40年一遇干旱年降水量315.8mm（2002年），50年一遇的日最大降水量为365.4mm（1959年7月22日），20年一遇的日最大降水量为251.1mm（1962年7月25日）。降雨多集中在7，8两个月，易形成洪水灾害，多年平均蒸发量1377.9mm，常形成干旱季节，多年平均相对湿度61.2%，年平均气温10.5℃，日最高气温40℃，最低气温-26.7℃，封冻期从每年的11月至翌年的3月，标准冻土深度0.90m。

7.1.1.3 水文

矿区内地表冲沟发育，径流条件好，地表水不易赋存，地表水系主要有小沙河、滦河和后裴庄水库等。

小沙河水系自该区北侧由西向东流，汇入滦河，与沙河山采场东北帮直接接触，对采场充水有直接影响。据1998年资料，河水流量为1.46m^3/s，雨季河水流量277.3m^3/s。平时河水透过第四系地层流入采坑，暴雨季节，河水位高涨，水量以平时数十倍甚至数百倍的规模涌入采坑，直接威胁采场内的人员和设备的安全，对沙河山采区安全威胁较大。

滦河水系是流经本区的最大河流，在沙河山采区东侧约0.3~0.5km处流过。滦河发源于丰宁县巴彦图尔古山麓，经内蒙古高原、坝上草原及燕山山区，由滦县进入平原，于乐亭县兜网铺注入渤海，干流全长 888km，流域总面积 44750km^2。据滦县水文站 1984—2003 年 20 年资料，滦河多年平均实测径流量 22.27×10^8m^3/a，年平均水位 22.92m，汛期最高水位 27.85m（1994 年），最低水位 22.20m（2000 年），最大径流量 59.10×10^8m^3/a（1994 年），最小径流量 3.32×10^8m^3/a（2001 年）。由于干旱少雨等原因，最近 10 年径流量呈现快速减少趋势。滦河受上游潘家口水库、大黑汀水库控制，目前行洪安全可靠。

后裴庄水库位于采场南部，距白马山采场最终开采边界 500m，库区面积 0.08km^2，属小型水库。因近年干旱少雨，水位降低较大，且与矿床水力联系较弱，没有明显的导水通道，对矿床充水影响很小。

7.1.1.4 植被

该矿山所处区域内植物种类丰富，植被除多种农作物外，主要有乔木、灌木和草类等植物。由于采矿业的蓬勃发展，矿区周围的植被大部分被破坏，只是在矿区的西北部有零星植被和栗树发育。近年来，由于迁安市大力推广矿山地质环境恢复治理工作，该矿山对其排土场、尾矿库等场地多次开展进行植被恢复工作，使矿区内的植物多样性和植被覆盖率明显提高。

7.1.1.5 土壤

迁安市境内土壤条件成因较为复杂，除经济活动、人为作用外，在岩性、地形地貌、气候、生物等因素综合影响下，形成了褐土性土、黄土、草甸褐土及风沙土等多种土壤类型。矿区内山坡上多分布有风化、半风化层，厚度 0.50 ~ 20cm，局部基岩裸露；沟底部为砂砾、碎石土、砂黏土等，厚度一般在 1 ~ 2m。矿区内土层厚度变化较大，局部大于 20m。土壤类型为黄色黏土和褐色土，土壤较贫瘠。土壤颗粒较粗，松散，肥力低下，地表植被稀少，抗侵蚀能力极差，极易造成水土流失。

7.1.1.6 土地利用现状

矿区内原始土地类型主要为山坡地和部分耕地。随着矿区内部资源的开采，区域内土地整体遭到挖损和压占等类型的破坏，形成了采场、排土场和尾矿库等场地。由于开采规模的扩大，矿山排土场和尾矿库在原来的基础上抬高堆放高度，占用土地的现象减少。

7.1.1.7 社会经济概况

迁安市是以农业为基础产业，以种植业、养殖业、林果业和各种副业为主。工矿企业是迁安市的支柱产业，以采矿业为龙头，形成了以冶金、制造、化工、建材等行业为主的快速发展格局。

7.1.1.8 矿山地质条件

（1）地层

矿区出露地层主要为太古宇迁西群三屯营组二段及三段，第四系松散堆积物分布于采区东部及中部沟谷内。

（2）构造

矿区位于中朝准地台（Ⅰ）燕山台褶带（Ⅱ）兰峪复背斜（Ⅲ）遵化穹褶束（Ⅳ）的中东段之迁西-迁安穹隆水厂弧形褶皱束中。矿区采场中部断裂构造较发集中。按断裂构造的方位可分 NE 向、近 EW 向、NW 向、NNW 向四组，较大断层有 7 条。

（3）水文地质条件

采区内广泛分布第四系松散堆积物和太古宇变质岩，按岩层的含水性可分为第四系孔隙水和基岩裂隙水。

1）第四系孔隙水是指：①第四系河漫滩冲积强富水性孔隙潜水含水层。分布于滦河沿岸，由砂、卵石组成，含水丰富。水位埋深 1.47 ~ 4.20m，单位涌水量 85.78 ~ 171.72m^3/（h · m），渗透系数 148 ~ 338m/d。②第四系滦河Ⅰ级阶地冲积中等—强富水性孔隙潜水含水层。含水层岩性由砂、砾石层组成，上覆黏土。民井分布较多，含水层厚度 10 ~ 16m，水位埋深 7.50 ~ 9.20m，单位涌水量 11.98m^3/h · m。③第四系滦河Ⅱ级阶地冲积弱富水性孔隙潜水含水层。主要分布在采区东部，由浅黄色细砂组成，夹灰色薄层淤泥，区内无民井及泉出露。④第四系洪积弱—中等富水性孔隙潜水含水层。分布于采区北部小沙河两侧，岩性为粉质黏土和碎石，厚度一般小于 100m，水位埋深 2.1 ~ 6.2m，民井涌水量一般 1.62m^3/h 左右。⑤第四系坡洪积弱—中等富水性孔隙水潜水含水层。在山麓及山间沟谷中广泛分布，岩性为黏性土夹砂砾及碎石，厚度小于 10m，水位埋深 0.4 ~ 5.1m，民井涌水量一般 1.16 ~ 2.46m^3/h，钻孔单位涌水量 0.55m^3/（h · m），渗透系数 1.08m/d，水化学类型 HCO_3-Ca-Na 型水。

2）基岩裂隙水是指太古界三屯营组弱富水性裂隙水-承压水含水层：由黑云变岩及黑云混合片麻岩等组成，一般为潜水，断层带附近含脉状承压水。矿床西部水位埋深 5.55 ~ 58.24m，单位涌水量 0.004 ~ 0.79m^3/（h · m），渗透系数 0.0021 ~ 0.5137m/d，矿床东部水位埋深 9.70 ~ 12.20m，单位涌水量 0.03 ~ 0.05m^3/（h · m），渗透系数 0.0074 ~ 0.0145m/d。

地下水补给、径流与排泄：采场内地形有利于自然排水，地表水和地下水以地表分水岭为界。分水岭西北地表降水流向小沙河，最终汇入滦河；分水岭东南地表降水也汇入滦河，地下径流以分水岭为界，分别向两边流动，最终汇入滦河，少量以泉的形式排出。可见，滦河是矿区地表降水与地下水最终排泄区。区内含水层主要受大气降水的补给，相邻含水层之间也能相互补给，但水量很小。

据迁安市气象站资料，矿区历年旱季日平均降雨量为 0.898mm，历年雨季日平均降雨量为 66.675mm，历年平均日最大降雨量为 117.08mm。可见，暴雨季节形成的地表径流对废石场影响很大。

7.1.2 生态修复方案

根据矿山排土场现状、排土场周围的地质环境特点及矿山对废石场的恢复治理规划设想，确定矿山废石场治理范围并将治理区分为北区、中区和南区 3 个区。

7.1.2.1 北区生态修复设计

（1）废石场坡脚排水渠设计

治理前期，北区废石场最北端尾矿库南侧的废石场边坡已经覆土 0.3m 厚。为了保护废石场坡脚，又可以排出边坡汇水，该区域需要在坡脚砌筑排水渠。根据实际需求，排水渠长 252m，排水渠净断面规格 1.5m × 0.7m，两侧渠墙厚 0.5m，渠底厚 0.3m，排水渠用 M7.5 浆砌毛石砌筑，M5.0 砂浆抹面。每 20m 设一道伸缩缝，伸缩缝材料为沥青木板充填。

（2）挡土墙和排水渠基础设计

首先，在废石场北区西北侧坡脚外侧 5 ~ 6m 处开挖挡土墙和排水渠基础，基础长 856m，宽 5.5m，深 1.2m，开挖土石方约 5650m^3，挡土墙基础断面 2.4×1.0m，挡土墙墙身高 2.0m，内侧垂直，外侧坡比 1：0.5，挡土墙顶宽 1.0m，底宽 2.0m，在距离基础顶面 0.65m 高处设一排泄水孔，泄水孔间距 2.0m；可在挡土墙内铺设 Φ100PVC 塑料管制作泄水孔，挡土墙间隔 20m 设一道伸缩缝，厚度 0.02m，材料为沥青木板充填。挡土墙外侧砌筑排水渠，排水渠长 905m，排水渠净断面规格 1.5m×0.7m，两侧渠墙厚 0.5m，渠底厚 0.3m，排水渠用 M7.5 浆砌毛石砌筑，M5.0 砂浆抹面。每 20m 设一道伸缩缝，伸缩缝材料为沥青木板充填。挡土墙、排水渠施工技术要求，见图 7.1。

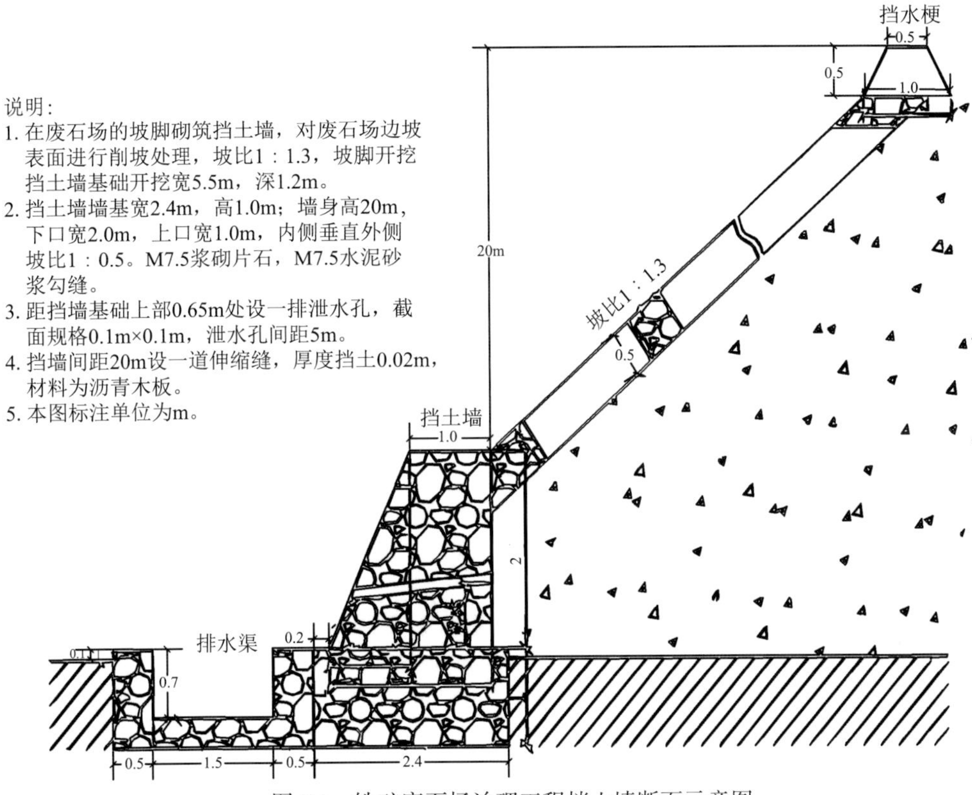

图 7.1　铁矿废石场治理工程挡土墙断面示意图

（3）网格状浆砌石护坡设计

鉴于矿山目前废石场现状高度大（70 ~ 80m）、坡度陡（38° ~ 40°），局部大于 40°，废石场坡脚部分地段距离矿界较近（8.0m 左右），设计对废石场边坡进行削坡和错台处理，形成 +150m，+170m，+190m 3 个标高的台面，废石场边坡坡度比 1：1.3，台面宽度 2.0m。在废石场 +150m 标高以下边坡上砌筑十字形网格状浆砌石护坡。砌筑网格状护坡前应按设计要求平整坡面，清除坡面大块危石，填平凹坑，并在每条骨架的迄点放控制桩，挂线放样，然后开挖骨架沟槽，夯实基础，采用 M7.5 水泥砂浆就地砌筑毛石，砌筑骨架时应先砌筑骨架衔接处，再砌筑其他部分骨架，两骨架衔接处应处在同一高度。在骨架底部及顶部和两侧范围内应用 M7.5 水泥砂浆砌毛石镶边加固。网格状浆砌石护坡在水平方向上每间隔 50m，垂直方向上每间隔 20m 设一道沉降缝，沉降缝宽 0.02m，沉降缝用沥青木板充填。施工时应自上而下逐条砌筑骨架，骨架应与边坡紧密贴合。废石场削坡方案见图 7.2，网格状浆砌石护坡施工技术要求见图 7.3。

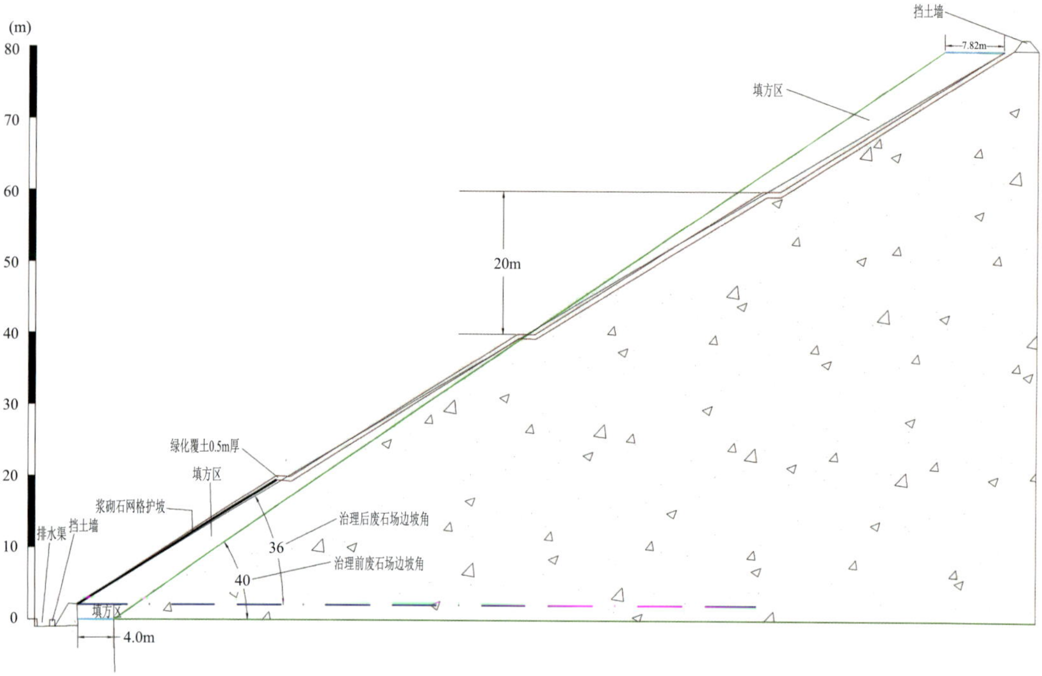

图 7.2　废石场边坡治理剖面图

说明:
一、装饰边坡治理：对边坡表面进行削坡处理，坡比1∶1.3。坡面采用浆砌片石网格状护坡，网格规格5.0×5.0m与坡面斜交，片石砌体厚0.5m，宽0.5m，中间填山皮土。
二、网格状浆砌石护坡网格间预留0.02m宽的沉降缝，用沥青木板充填，浆砌石用M7.5水泥砂浆砌筑，M5水泥砂浆勾缝抹面。
三、边坡上每隔200m砌筑一道急流槽。
四、本图标注单位为m。

图 7.3　废石场治理护坡施工图

（4）急流槽排水工程设计

在废石场坡面上修建急流槽排水工程，在废石场边坡上每间隔 200m 规划一道排水急流槽，急流槽长度 900m，急流槽的两侧及渠底 M7.5 浆砌毛石，两侧渠墙厚 0.3m，渠底厚 0.3m，急流槽净宽 1.0m，M5.0 砂浆抹面。急流槽两侧埋入坡面 0.8m，高于坡面 0.1m。急流槽施工设计见图 7.4。

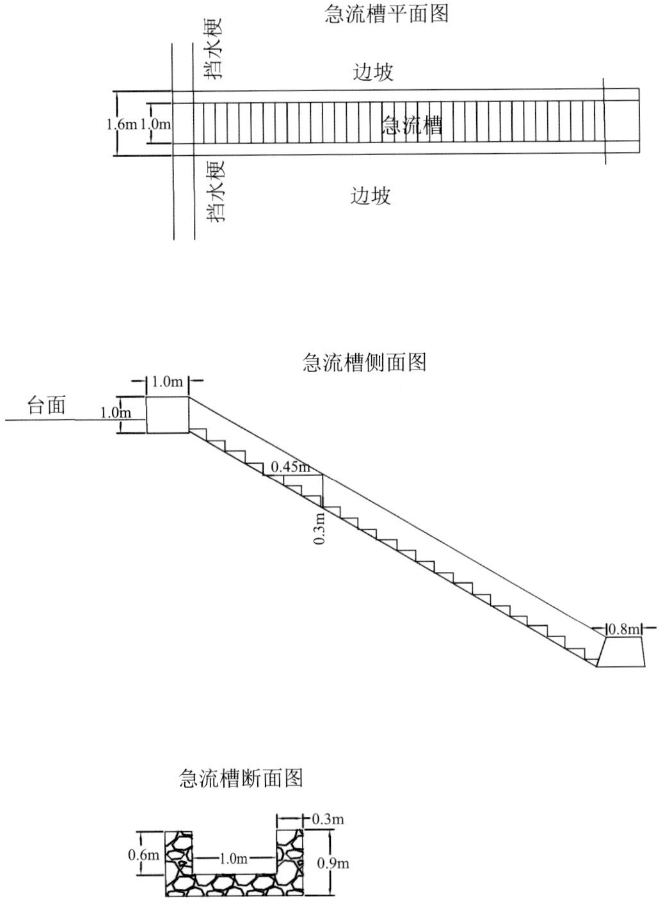

说明:
1.急流槽净宽1.0m，高0.6m，纵坡坡度与边坡坡度一致，坡面阶梯式布置，利于排水。
2.两侧浆砌毛石厚0.3m，渠底厚0.3m，M7.5水泥砂浆、毛石砌筑，M5.0砂浆勾缝、抹面。
3.急流槽进口底板成坡状低于平台0.1m，利于汇集积水。
4.按图中标注尺寸施工。

图 7.4　废石场治理急流槽施工图

（5）外缘挡水埂设计

废石场挡土墙、网格状护坡、坡面排水工程完成后，在规划平整后的废石场台面和边坡上铺覆 0.5m 厚的山皮土或黄土，在废石场的台面外缘筑挡水埂，挡水埂断面为梯形，底宽 1.0m，顶宽 0.5m，高 0.5m，台面略向内倾，废石场顶面外沿设车挡，车挡断面为梯形，底宽 3.0m，顶宽 1.0m，高 1.5m，车挡内部可用废石堆筑，外部铺覆黄土。

（6）北区覆绿设计

规划整治后的废石场北区，台面和边坡均覆土 0.5m 厚，在废石场的台面外缘修筑挡水埂，台面略向内倾，台面上栽植火炬树，株距、行距均为 1m，树木苗龄 2 ~ 3 年，植入深度不小于 0.3m。在废石场的边坡可栽植沙棘和刺槐，栽植时采用穴播方式，每穴不少于 3 株，穴距均为 0.5m，梅花状布置，树木苗龄 2 ~ 3 年，植入深度不小于 0.3m；刺槐主要栽植在下边两个坡面。坡脚种植爬山虎、地棉类攀援植物，株行距 0.6m。为了增强绿化效果，收集当地适宜草籽（如狗尾草），移栽时撒播在废石场的边坡和台面上，以达到乔、灌、草结合绿化。

7.1.2.2 中区生态修复设计

（1）中区废石清理设计

中区废石场下部为地方采场和尾矿库，废石场边坡高度 20 ~ 50m，废石场坡度 38° ~ 40°。原则上，应对废石场边坡进行削坡、错台处理，考虑到矿山与地方个体矿主协调困难等因素，中区治理首先对废石场边坡进行清理大块危石至坡脚，填平边坡凹坑，然后在边坡上覆土 0.5m 厚的黄土，再对边坡进行植树绿化。

（2）中区覆绿设计

废石场中区经前期处理后，直接进行覆土（50cm 厚），坡面护坡绿化以沙棘为主，刺槐为辅，种植 2 ~ 3 年生苗；采用穴播方式栽植时，每穴移栽 3 株以上沙棘苗，株行距为 0.5m，梅花状布置。坡脚种植爬山虎、地棉类攀援植物，株行距 0.6m。为了增强绿化效果，收集当地适宜草籽（如狗尾草），移栽时撒播在废石场的边坡和台面上，以达到乔、灌、草结合绿化。

7.1.2.3 南区生态修复设计

（1）南区废石场挡土墙及排水渠设计

由于南区废石场外围大部分为耕地，部分地段坡脚外有高压线塔架，治理工程安排受到限制。该区需在坡脚外侧 5 ~ 6m 处开挖挡土墙和排水渠基础，坡度较陡处可适当增大挡土墙与坡脚之间的距离，从而保证挡土墙和排水渠位于矿界和高压线塔基础内。挡土墙基础长 950m，宽 5.5m，深 1.2m，开挖土石方约 7600m^3，挡土墙外侧砌筑排水渠，排水渠长 1330m。挡土墙、排水渠施工技术要求同北区挡土墙和排水渠规格。在通往红石崖公路东侧废石场坡脚砌筑长城式挡土墙，挡土墙长 380m，基础断面 1.0 × 0.9m，基础埋深 1.0m，墙身为直墙，墙身高 2.4m，墙厚 0.5m。

（2）南区废石场削坡方案设计

废石场削坡方案同北区相似，通过对废石场边坡进行削坡和错台处理，形成 +135m，+155m，+175m 3 个不同标高的台面，废石场边坡坡比 1 ∶ 1.3，台面宽度 2.0m。在废石场 +135m 标高以下边坡上砌筑十字形网格状浆砌石护坡，网格状浆砌石护坡施工技术要求同北区。

（3）南区废石场急流槽排水工程设计

在废石场边坡上每间隔 200m 规划一道排水急流槽，急流槽长度 620m，急流槽施工技术要求同北区急流槽（图 7.4）。

（4）南区废石场挡水埂设计

自废石场挡土墙、网格状护坡、坡面排水工程完成后，在规划平整后的废石场台面和边坡上铺覆 0.5m 厚的山皮土或黄土；在废石场的台面外缘筑挡水埂，挡水埂断面为梯形，底宽 1.0m，顶宽 0.5m，高 0.5m，台面略向内倾，废石场顶面外沿设车挡，车挡断面为梯形，底宽 3.0m，顶宽 1.0m，高 1.5m，车挡内部可用废石堆筑，外部铺覆黄土（图 7.5）。

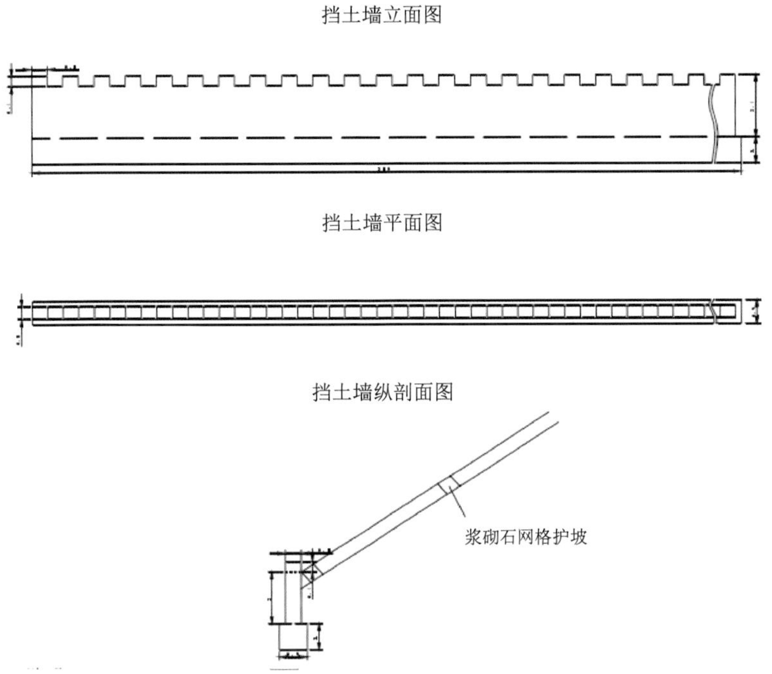

说明：
1.挡土墙位于通往红石崖公路东侧废石场边坡坡脚处，外形似长城状。
2.挡土墙长380m，基础埋深1.0m，用浆砌石砌筑。
3.挡土墙每15m设一道伸缩缝，伸缩缝材料用沥青木板。
4.挡土墙表面用M7.5水泥砂浆砌筑毛石，M5水泥砂浆勾缝、抹面。
5.本图中尺寸标注单位为m。

图 7.5　废石场治理挡土墙施工图

（5）南区覆绿设计

规划整治后的废石场南区，台面和边坡均覆土 0.5m 厚，台面外缘布满挡水埂，台面略向内倾，最终形成 3 个台面。台面上以栽植核桃和板栗为主，株距、行距均为 2m，树木苗龄 2 ~ 3 年，植入深度不小于 0.3m。废石场的边坡坡面主要栽植沙棘和刺槐。栽植时采用穴播方式，每穴不少于 3 株，穴距均为 0.50m，树木苗龄 2 ~ 3 年，植入深度不小于 0.3m，梅花状布置；刺槐主要栽植在下边两个坡面。坡脚种植爬山虎、地棉类攀援植物，株行距 0.6m。为了增强绿化效果、培肥土壤，移栽时撒播草籽在废石场的边坡和台面上，以达到乔、灌、草结合绿化。

7.1.3 生态修复效果评价

（1）地质灾害评价指标值获取

废石堆主要为采场废石，废石的粒径大小不一，小颗粒状占一半以上，50 ~ 200mm

的占 40%，个别达 1m。排土场年平均排入废石 110 万 m^3，排土场位于采场西北侧，排土场和影响范围面积 1.27km^2，堆置岩土约 4300 万 m^3，占用了大量山场。排土场北东方向长约 3km，北西方向宽 0.15 ~ 0.6km，高 30 ~ 170m，为不规则形状，坡角 38º ~ 45º，局部地段大于 50º。沿山顶堆积规模大，高度大，坡度大，排土场规模巨大，为泥石流的形成提供了大量的物源。大量废石的堆积，改变了大气降水的天然流动条件，排土场坡面无排水系统，雨季易造成降水在堆场中滞留，加之岩土毛细管浸润作用，使堆场蓄水量增加，一旦山洪暴发，很可能诱发滑坡、泥石流地质灾害，严重威胁下游村庄、道路及居民的生命财产安全，给矿山安全生产带来较大的安全隐患。针对以上存在的安全隐患，设计了排水通道、挡墙等来对相应的地质灾害进行处理。

经现场确定，治理区内施工按照设计进行，治理区所有地质灾害隐患得到较合理处置、地质灾害处置措施科学合理。单项得分 95 分。

（2）施工设计执行情况及治理评价指标值获取

根据矿区实际情况进行生态修复设计。排土场生态恢复与重建的时间，根据排土堆置工艺的不同，分为两种情况：在排土堆置的同时进行生态重建；在排土场结束作业后，即铺盖土壤，因地制宜就近运输覆土造田。为保障成活率，重建初期实行坑栽，在岩石中挖坑培肥土壤，种植后第一年加强田间管理；通过水土保持措施来保证排土场的稳定性，总体设计合理。根据矿山排土场实际情况，分为北区、中区和南区 3 个区。北区设计在废石场坡脚砌筑排水渠，用来保护废石场坡脚及排出边坡汇水。在坡脚外侧开挖挡土墙、在废石场坡面上修建急流槽等排水工程。废石场挡土墙、网格状护坡、坡面排水工程完成后，在规划平整后的废石场台面和边坡上铺土绿化。中区废石场下部为地方采场和尾矿库，废石场中区经前期处理后，直接进行覆土，坡面护坡绿化以沙棘为主，刺槐为辅。坡脚种植爬山虎、地锦类攀援植物。南区对废石场边坡进行削坡和错台处理，在废石场坡面上修建急流槽排水工程，废石场挡土墙、网格状护坡、坡面排水工程完成后覆土绿化，植被配置合理。总之，经审核，方案设计合理，招投标、施工、监理资料齐全，施工质量好，生态修复效果较好，单项得分 95 分（图 7.6）。

a. 治理前　　b. 治理后

图 7.6　废石场治理

（3）植物群落与周边环境协调性指标值获取

根据矿区环境实际情况，植物选择从适应性强、生态恢复效果明显角度考虑，注重苗木成活率及保存率达到90%以上，选择适生乡土植物品种，如刺槐、紫穗槐、火炬树、油松、沙棘、柽柳、狗尾草，主要作用是滞尘、防风固坡等；这些植物的应用，既丰富了铁矿排土场的自然景观，又发挥植物恢复功能，逐步恢复了排土场生态体系。利用结构科学、生态效益高的复合型植物配置方法，营造生态恢复型防护林带。合理密植，种植结构为火炬+刺槐+（油松-柽柳-八宝景天）+野生地被、刺槐+（火炬-柽柳-八宝景天-野生地被）等，营造大面积以生态恢复为主的生态防护林带。坡面覆土后进行植被恢复，种植沙棘、刺槐、紫穗槐等固土植物。排土场坡脚修建排水渠及挡墙，排土场顶面覆土后种植经济林果核桃，收到了良好的生态效益和社会效益（图7.7）。

图7.7　生态修复治理后效果

植物种类丰富与周边环境协调，总体植被配置合理与周边球境相协调，不存在入侵物种，不存在过度治理。单项得分92分。

（4）植被覆盖度指标值获取

根据2019遥感影像（图7.8），使用ENVI时行解译，得到植被覆盖情况，如图7.9，矿区整体植被覆盖程度较高，平均31.84%，生态修复区植被覆盖56.04%。周边地区的平均植被覆盖度为71.26%。生态修复区的植被覆盖度占周边地区植被覆盖度的78.56%，确定级别为良，本项得分87.56分。

（5）土壤肥力评价指标值获取

在东、西排土场采集土壤样品4个，进行化验分析，主要指标含量的平均值如表7.1，用地类型为林草地。

表7.1　土壤肥力评价化验值

用地类型	全氮含量（g/kg）	速效氮含量（mg/kg）	速效磷含量（mg/kg）	速效钾含量（mg/kg）	有机质含量（g/kg）
林草地	1.32	61.07	14.03	104.21	8.47

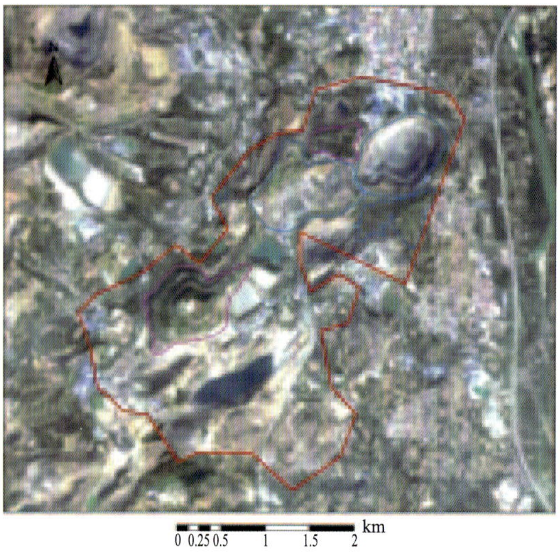

图 7.8 矿区 2019 年影像

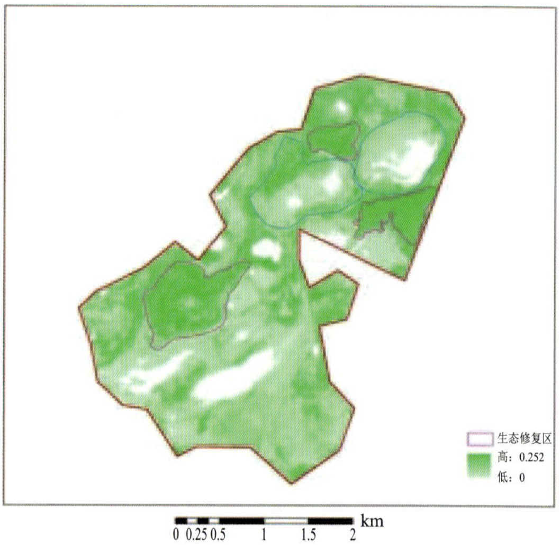

图 7.9 矿区植被覆盖率

按照林草地指标评价指标，可得林、草地等级为良；其中，速效氮、有机质含量偏低。综合评分 80 分。

（6）土壤重金属元素污染指标值获取

在矿区周边采集土样 4 个，并进行重金属元素含量化验，主要重金属元素含量平均值，见表 7.2。

表 7.2 土壤重金属元素含量 单位：mg/kg

重金属元素	Cd	Cr	Cu	Pb	Zn
矿区	0.13	50.60	21.80	19.20	44.30

根据公式 3.1 计算可得，各种重金属元素的单因子污染指数（表 7.3）：

表 7.3 单因子污染指数

重金属元素	Cd	Cr	Cu	Pb	Zn
污染指数	0.45	0.25	0.22	0.16	0.18

单因子污染指数均小于 1，可以认为矿区没有被污染。

根据公式 3.2 计算综合污染指数：

$$P_{综合} \leqslant 0.52$$

评价等级为优，经线性内插本项得分为 94.8 分。

（7）综合评价分值计算

项目实施后评价分值的计算采用加权求各法。计算公式如下：

$$P=95\times0.1+95\times0.1+92\times0.3+87.56\times0.3+80\times0.1+94.8\times0.1=90.35\text{（分）}$$

因此，综合评价为优。

自 2010 年开始，该矿山始终坚持“边生产、边治理”这一理念，逐年加大矿山生态修复治理工程的投入，历经 10 余年的修复历程，矿区植被覆盖显著增加，生态环境得到持续改善。综合评价结果表明，该矿山在地质灾害消除、设计执行完成度、土壤质量、生态修复效果等方面均达到了优良效果。

随着生态修复效果的持续改善，该矿区在拦蓄保护水资源价值、保护改良土地资源价值、固碳制氧价值和净化空气价值等方面也获得了显著的增值效果，全部生态重建工程环境效益达到 4180.98 万元，与实际生态修复治理工作一致。

7.2 青龙县某铁矿生态修复案例评价

7.2.1 自然地理概况

该铁矿始建于 1987 年，生产规模 22×10^4t/a，1989 年建成投产。1992 年进行了扩建改造，生产规模扩大为 122×10^4t/a，1994 年建成投产。2008—2009 年进行了选厂技术改造工程，技术改造后，磨选生产能力 220×10^4t/a。目前，采矿生产能力达到 245×10^4t/a，铁精粉产量 75×10^4t/a。2012 年实现工业总产值 8.60 亿元，利润总额 4.17 亿元，实现税费 2.32 亿元。矿区经过多年开发建设，已形成生产、生活、行政福利配套较为齐全的矿山企业。

露天采场位于矿区西侧，露天采场设置台阶高度取 12m，每两段合并为一段，并段后台阶高度为 24m，最终边坡角上盘 46° 57′，最终边坡角下盘 44° 30′，最终边坡角端部 52°。

排土场位于采场东侧，截至 2011 年年底，排土场标高达到 660m，设计最终堆置标高为 720m，剥离的废石仍排放到现有排土场，并对现有排土场向南扩增。目前排土场东北及西北边坡及平台已部分绿化复垦。

采选办公及生活区等工业场地等附属设施位于排土场西北部，占地面积约 44.81hm²。矿区道路位于东排土场与露天采场之间，方向由南向北，占地面积约 2.11hm²。

经过二十多年的露天开采，矿区地形地貌发生了很大变化。现已形成一个南北长约 1360m，东西宽 180 ~ 500m，深 50 ~ 70m 的露天大采坑。目前，该铁矿总占用或破坏土地面积 231.45hm²。其中，采场占地面积 45.76hm²，排土场占地 62.10hm²，尾矿库占地 76.67hm²，工业场地占地 44.81hm²，矿区道路占地 2.11hm²。

7.2.1.1 矿区及周围经济社会发展状况

（1）行政区划及人口

青龙满族自治县辖区有 25 个乡镇，396 个行政村。有满、汉、苗、回等 11 个民族，满族人口占 68.6%，全县总面积 3510km²，总人口 54.1 万。

该铁矿所在地祖山镇辖 16 个行政村，全乡总面积 261.46km²；总户数 5819 户，总人口 21202 人，人口密度 82 人 /km²。

（2）土地利用

铁矿所处的祖山镇地处青龙满族自治县东部，属山区和半山区，主要以板栗栽植为主。土地利用现状分为农田、林地、工矿企业用地、农村居民用地、交通建设用地、水域等。根据野外调查和有关资料，共有耕地面积 1609hm²，农业人口人均耕地 0.08hm²/ 人；林地面积 5131hm^2，其中有板栗面积 3781hm^2，年产板栗 3060t。土地利用中，农用地比例较大，但在农用地中，林地比例最大，耕地比例稍小（图 7.10）。

图 7.10　矿区周边山区农田、林地

7.2.1.2 矿区自然条件概况

（1）气候气象

本项目区属北温带大陆性半干旱季风气候区，四季分明，日照充足。春季天气多变，时冷时热，干旱少雨；夏季炎热，雨水集中；秋季晴朗少云，气候适宜，昼暖夜冷，气温变化显著，平均昼夜温差在 10℃左右；冬季寒冷干燥，降雪稀少。

根据青龙县气象站多年资料统计：年平均气温 9.2℃，最高气温 35.2℃，最低 - 22℃，极端最高气温 39℃（2000 年 7 月 12 日），极端最低气温 - 29.2℃（1962 年 2 月 13 日）。降雨量多集中在 6—9 月，多年平均降雨量 698.90mm（1951—2006 年），6—8 月降雨量达 406.8mm，约占全年降雨量的 58.2%。年最大降雨量 1128.8mm（1977 年），日最大降雨量 291mm（1984 年 8 月 10 日），多年平均蒸发量为 1571mm。

冰冻期从当年 11 月开始至翌年 4 月，冰冻期达 6 个月。最大冻土深度 1.09m。

（2）地形地貌

本项目区属燕山山脉，南部受 NE 向构造体系和响山岩体的影响，山峦起伏，侵蚀切割强烈，为隆起的低中山地貌特征。北部属于低山分布区，多为圆顶山，山势平缓，起伏不大，属低山区。地势南高北低，海拔标高最高为 650m，最低为 460m，相对高差 190m，属低山丘陵区。矿区地形较陡，地形坡度一般 40° ~ 60°，局部地段大于 80°，有利于降雨排泄。矿区最低侵蚀基准面标高 492.4m，位于矿区东角沟底，且矿体位于当地侵蚀基准面以下，坑不能自然排水。由于露天采矿人工作用较强烈，形成了采坑、陡坡、尾矿、废石堆等人工地貌。见图 7.11。

（3）水文特征

矿山采场现已成为负地形且三面环山，属于海河流域滦河水系。滦河流域水系在青龙满族自治县境内有青龙河、起河、沙河、星干河、都源河五大水系。矿山采场所在区域为起河流域，其支流牛心山河发育在矿区下游，矿区东西两沟自南向北各有一条小溪在矿区东北部汇合，流入牛心山河。矿区附近地表水体主要为牛心山河，发源于采场南部老岭山区，在北侧征地界线内自南东向北西流过，经牛心山于田仗子村处汇入起河，再汇入青龙

图 7.11　该铁矿周边地形地貌远景图

河桃林口水库，后在滦县上游汇入滦河，最终注入渤海。

牛心山河为季节性山区源头河流，全长约 14km，汇水面积约 70km^2，汇水面积较大，矿床浅部充水因素主要为大气降水及潜水。河内常年有水，丰水期水量增加，汛期洪水季节，河水暴涨，历时较短，水量不稳，暴涨暴落。汛期时洪水流量较大。汛期最大流量西沟为 662.3m^3/s、东沟为 445.3m^3/s。据矿方介绍，山洪暴发时，洪水曾淹没河西侧的水泥路，冲走停放在路旁停车场的摩托车。平水期河道水面较窄，一般 5 ~ 10m，河水流量不大且水流不集中。枯水期河道近于断流，常以地表水流和地下潜流形态交替出现。

起河为有较多支流的山区河流，发源于青龙县锥山一带，是青龙河一主要支流。冬季结冰封河，河水变为冰下潜流，流量减少。该河全长约 70km，自牛心山河汇流至青龙河长约 56km。

（4）矿区水文地质

矿区内岩层主要有第四系孔隙含水层、基岩风化裂隙含水层和脉状构造裂隙含水层。

1）第四系孔隙含水层：区内第四系冲洪积残坡积物，主要沿沟谷和山麓分布。一般厚度 0.5m ~ 50m。矿山剥土主要堆积在采坑周边的沟谷，厚度不等。第四系地层透水性较好，含有一定孔隙水，但富水性不均匀。受岩性和地貌条件限制。主要接受大气降水补给。水位变化与降雨量关系密切。

2）基岩风化裂隙含水层：区内岩石主要有变质岩和岩浆岩两大类，岩浆岩主要为响山花岗岩和火山凝灰岩，分布于矿区西南部。该类岩石风化裂隙不发育，风化带深度一般不大于 10m。变质岩风化强烈，裂隙发育，风化深度 20 ~ 50m，不同岩类风化带普遍含水裂隙潜水。但富水性差，水量小。补给来源主要为大气降雨。以径流方式随地形坡向排泄。

3）脉状构造裂隙承压水含水层：矿床南部被响山花岗岩侵噬破坏。岩体接触带局部裂隙发育，赋存有脉状裂隙承压水。承压含水层沿接触带不均匀分布，倾伏于矿床之下，由南向北逐渐加深。矿体和围岩形成相对隔水层，构成承压水顶板。承压水在接触带露头外接收大气降雨补给，沿构造裂隙运动。由于补给区位置相对较高，又有较好的隔水顶板，形成了矿区南部的脉状承压水。当矿山露天转地下开采后，主要地下涌水为塌陷区降雨渗入量和含水层渗入量。采坑涌水主要来自大气降雨，周围潜水入渗和脉状裂隙承压水。大气降水主要以明流形式沿沟谷泄入矿区。部分降雨入渗形成潜流，以径流方式向采坑排泄。采坑西、南两侧常年有第四系孔隙潜水流入采坑，水量随雨季结束逐渐减少。冬季在采坑边坡可形成冰溜。

矿山采场现已成为负地形且三面环山，汇水面积较大，矿床浅部充水因素主要为大气降水及潜水。天降暴雨对矿山矿床可造成短时威胁。矿床深部充水因素主要为构造裂隙水，但含水量小，富水不均一，450m 标高以下基本不含水。另外，铁矿矿体顶底板围岩主要为角闪变粒岩、变质闪长岩、云母片岩，围岩坚硬、抗风化侵蚀较强，裂隙不发育，稳固性较好。所以，矿区水文地质条件简单、构造简单、断裂构造不发育，对边坡的影响不大。

（5）土壤

矿区周边土壤为棕壤，按土类区分主要为褐土，包括褐土性土、淋溶褐土、草甸褐土。矿区用地范围内地表以砂质黏壤土为主，另有少量黏土，适宜种植农作物及其他各类植物。

矿区内分布的土壤类型主要以岩性土为主，多为露天开采剥岩形成的碎石土，黄色，中等—强风化，颗粒大小不等，分布不均，厚度变化大。其他未遭破坏的区域地表大多分布有强风化土和残、坡积层，大部分厚度 1 ~ 3m，局部基岩裸露。有机物含量少，矿质养分丰富，矿区内土壤，见图 7.12。

图 7.12　矿区内的土壤类型

近期工程扰动的地貌主要为灌草地，包括露天扩帮境界和排土场。露天扩帮境界内由于边坡陡峭，开采方法主要以爆破为主，无法进行表土剥离；新增排土场地形起伏较大，表土可剥离性差。

（6）植被

矿区植被类型为温带针阔叶混交林，林果资源量多质优，全县林地面积 $21.87 \times 10^4 hm^2$，森林覆盖率 65%，位居河北省第二位。该区植被以天然次生和人工针、阔叶混交林为主，项目区林草覆盖率为 20% 左右。主要有油松、柞、椴、桦、杨、桑等乔、灌木树种。经济林有苹果、板栗、梨、杏、核桃、山楂等干鲜果品等。“青龙甘栗”“龙富苹果”享誉国内外，倍受消费者青睐，有“中国苹果之乡”美誉。种植作物有玉米、谷子、白薯等。近年来工矿企业的快速发展，为当地社会经济发展做出了重大贡献，但同时也使得矿区及附近植被覆盖率有所下降。矿区板栗、山楂一景，如图 7.13 所示。

图 7.13　矿区板栗、山楂一景

7.2.2 生态修复方案

该铁矿认真贯彻落实绿色矿山建设理念，进一步提高矿山绿化面积和绿化覆盖率，坚持履行矿山生态修复责任与义务，把“边开采、边治理、边恢复”落到实处。做到了修复工程年度有设计、有施工、有管护（图 7.14）。

图 7.14　排土场已修复区域效果

2020 年度，按照已制定的生态修复规划，不断加大矿山生态修复工作管理力度，提高生态修复建设和管护水平，重点对采场、排土场、尾矿库及工业厂区应治部位进行修复，治理工作取得良好效果，生态修复任务超额完成。

（1）露天采场

对已达到设计标高的露天采场台阶进行覆土、绿化，种植刺槐、紫穗槐、爬山虎等，见图 7.15。

（2）排土场

共东、西两处排土场，西排土场修复措施包括种植刺槐、码放植生袋、播撒格桑花。东排土场主要是种植刺槐进行绿化。修复效果，见图 7.16、图 7.17。

（3）尾矿库

尾矿库修复措施为子坝筑坝覆土、种植沙棘绿化（图 7.18）。

图 7.15　露天采场 540m 台阶治理前后对比图

图 7.16　西排土场治理前后对比

（4）工业广场

工业广场进行场地平整、硬化，周边进行覆土绿化，种植刺槐、榆叶梅、冬青球、冬青等（图 7.19）。

（5）亮点区域

对东排土场实施了总体修复，对坡面进行了修整，修建了截排水沟，进行了绿化，对

图 7.17　东排土场 640m 坡面治理前后对比

图 7.18　尾矿库修复前后对比

图 7.19　工业广场治理前后对比

平台进行了复垦，完成治理面积达 27 万平方米，修复效果初步显现，见图 7.20。

7.2.3 生态修复效果评价

（1）地质灾害评价指标

根据现场实际工作进展情况，矿山在整理好的排土场台面和坡面上覆盖绿化，在矿区

图 7.20 东排土场修复前后对比

道路靠近牛心山河的地段修建河堤，清除道路内侧山坡上的危岩体，消除崩塌隐患。在上尾矿库及排土场道路靠山坡坡脚侧开挖沟槽，沟槽内填土绿化，将道路下部边坡及乱堆放的废渣进行平整、清理；在平整好的边坡和平台上覆土绿化。

通过矿山地质环境保护与治理恢复工作，大大降低地质灾害的发生，避免较大的经济损失。同时，矿区环境将会大大改善，处处草木茂盛，植物的叶片可以洗尘、滞尘，防止扬尘污染，起到了净化空气的作用，具有巨大的生态环境效益。

治理区所有地质灾害隐患得到较合理处置、地质灾害处置措施科学合理。单项得分 90 分

（2）施工设计执行情况及治理评价指标

经审核，方案设计较合理，招投标、施工、监理资料齐全，施工质量好，生态修复效果良好，单项得分 90 分。

（3）植物群落与周边环境协调性

根据矿区环境实际情况，植物物种选择从适应性强、生态恢复效果明显角度考虑，注重苗木成活率及保存率达到 90% 以上，选择适生乡土植物品种，如刺槐、紫穗槐、刺槐、格桑花、爬山虎等多种植。

植物种类丰富与周边环境协调，总体植被配置较合理与周边环境相协调，不存在入侵物种，不存在过度治理。单项得分 88 分。

（4）植被覆盖度

利用 ENVI 对 2019 年遥感影像（图 7.21）进行解译，得到植被覆盖情况，如图 7.22。

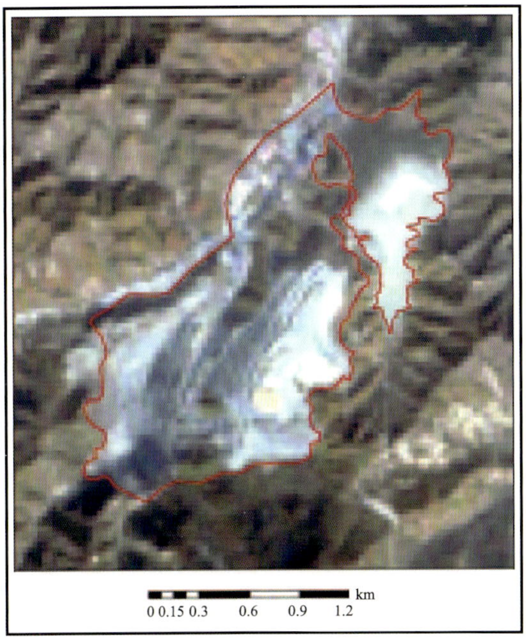

图 7.21　矿区 2019 年影像

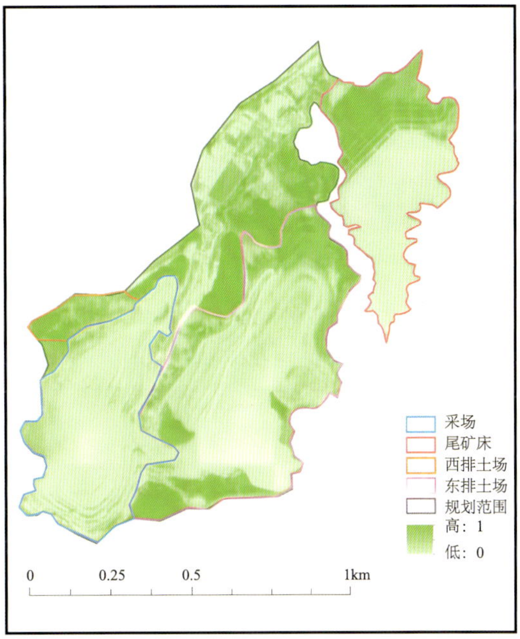

图 7.22　矿区植被覆盖率

矿区整体植被覆盖程度为 36.31%，生态修复区植被覆盖为 46.73%。周边植被覆盖度，平均为 77.38%。生态修复区的植被覆盖度占周边地区植被覆盖度的 60.39%，确定级别为中，本项得分 70.39 分。

（5）土壤肥力评价

在东、西排土场采集土壤样品 5 个，进行化验，化验各项指标的平均值见表 7.4，用地类型为林草地。

表 7.4　土壤肥力评价化验值

用地类型	全氮含量（g/kg）	速效氮含量（mg/kg）	速效磷含量（mg/kg）	速效钾含量（mg/kg）	有机质含量（g/kg）
林草地	0.87	26.04	20.90	134.61	1.48

按照林草地指标评价指标，可得林、草地等级为良，其中速效磷含量较高、有机质含量偏低。综合评分 83 分。

（6）土壤重金属元素污染

在矿区周边采集样品 5 个，并进行重金属元素含量化验，5 种重金属元素含量的平均值见表 7.5。

表 7.5　土壤重金属元素含量　　单位：mg/kg

重金属	Cd	Cr	Cu	Pb	Zn
矿区	0.095	32.50	15.30	47.20	39.60

根据公式 3.1 计算可得，各种重金属的单因子污染指数，如表 7.6 所示。

表 7.6　单因子污染指数

重金属	Cd	Cr	Cu	Pb	Zn
污染指数	0.32	0.16	0.15	0.39	0.16

单因子污染指数均小于 1，可以认为矿区没有被污染。

根据公式 3.2 计算综合污染指数：

$$P_{综合} \leqslant 0.46$$

评价等级为优，经线性内插本项得分为 95.40 分。

项目实施后评价分值的计算采用加权求各法。计算公式如下：

$$P=95\times0.1+90\times0.1+88\times0.25+70.39\times0.25+83\times0.1+95.4\times0.1=84.39$$

因此，综合评价为良好。

经调查，该矿山企业多年来一直注重矿山边开采边治理工作，实施了一期工程尾矿库治理、二期工程排土场治理项目，采用了土地平整、削坡处理、排水渠修筑、客土回填、植被绿化等工程，形成治理效果较好的矿山环境。通过实施治理措施，基本消除了矿山开发对矿山地质环境的影响，基本恢复了矿区及周边的生态环境。

7.3 滦州市某铁矿生态修复案例评价

7.3.1 矿山概况

矿区铁矿石产于前震旦纪变粒岩中，属鞍山式沉积变质铁矿床。矿石资源总储量为 23.48×10^8t，其中氧化矿 3.23×10^8t、磁铁矿 20.253×10^8t，为我国三大铁矿区之一。

该铁矿于 2005 年 7 月开工建设，2008 年 4 月投入试生产，总投资 19.27×10^8 元。矿区建设规模为采选原矿 750×10^4t/a。其中，Ⅱ采场露天开采 600×10^4t/a，初期均为氧化矿；Ⅲ采场地下开采 150×10^4t/a（原生矿）。一期服务年限 30 年。选矿厂产品为单一铁精矿，年产 254×10^4t，TFe 精矿品位 66%。

7.3.2 生态修复方案

7.3.2.1 北区生态重建

北区以公路为界，分为上下两半区，上半区主要为混合岩化黑云变粒岩、下半区主要为黑云变粒岩，且黑云变粒岩呈层状分布，层理与坡面近于平行（如图 7.23 所示），坡

图 7.23　东帮边坡黑云变粒岩层理分布

体内的优势结构面与边坡具有相同的倾向。

北区上、下半区结构面体密度分别为 19.04 条 /m^3 和 14.76 条 /m^3，岩体均较破碎。现场地质资料调查结果表明，上、下半区的岩体均呈强风化状态，上、下半区坡面局部特征，如图 7.24 所示。

上半区

下半区

图 7.24　北区上、下半区岩体局部照片

坡面起伏度较小，节理、裂隙较发育。纵、横向分布的裂隙将岩体切割为大小不一的块体。总体而言，横向裂隙密度高于纵向。上半区裂隙密度虽较下半区大，但上半区裂隙切割深度较下半区浅，岩块间存在一定的机械咬合力。该区坡面节理面很粗糙，大多数节理张开度大于 5mm，且基本呈连续状态分布，部分节理含有 2 ~ 3mm 厚的软弱夹层，部分裂隙中充填有岩石风化物，岩石表面较为粗糙。

根据该区边坡岩体结构的上述特点，优选的生态重建技术主要有客土喷播技术、厚层基材喷播技术、三维网植被技术和植被混凝土生态防护技术等。对比上述技术的优缺点，结合矿区的实际情况，初步确定北区上半区采用客土喷播技术。这主要是由于该半区边坡坡面节理较为发育，且细小节理纵横交错，为植物根系进入节理、裂隙创造了有利条件，根系与喷播基材、边坡表层岩体可构成统一体，这有利于喷播基材与坡面间的整体稳定性。下半区采用厚层基材喷播技术。这是由于该半区边坡坡面节理、裂隙虽较发育，但裂隙密集度较下半区小，虽有部分植物根系能进入节理、裂隙内部，但进入的数量少于上半区，故下半区采用厚层基材喷播技术，以增强基材与边坡表层岩体间的整体稳定性。在喷播材料选择方面，以因地制宜、就地取材为原则，尽量减少搬运距离，以降低生态重建成本。

在喷播施工前，要先清除坡面浮石、危石和杂物等。采用人工和爆破相结合的方式清除坡面较为凸出的大块岩石，采用回填植生袋的方式填平坡面的低洼处，使坡面较为平整，以利于后继挂网锚固和喷播工作的开展。

上半区边坡客土喷播技术的主要施工工艺为：

1）挂锚固网。在坡面平整施工完成的基础上挂网锚固，挂网采用直径 2mm 的镀锌铁丝编织而成，其网孔不大于 6cm × 6cm。铁丝网采用自上而下的方式铺设，相邻两网片搭接处用绑扎铁丝固定，且搭接长度不小于 10cm。采用梅花形布置的锚杆固定铁丝网，锚杆间距根据坡面节理、裂隙的密集程度确定，但其间距不小于 1m × 1m。坡面与铁丝网之间留有 3 ~ 5cm 的间隙，以利于发挥铁丝网的拉接作用。

2）喷播基材的配制。根据矿山实际情况，喷播基材采用 4 ~ 5 份矿山开采时剥离的表土、2 ~ 3 份腐熟的蚯蚓粪、1 份城市污泥和 1 份微生物菌肥配制而成。在配制过程中，加入适量粉碎的稻草或麦秸等植物纤维、粘结剂、团粒剂、缓释肥料、保水剂等辅助材料。将上述配制好的喷播基材混合均匀后过 15mm 筛，取筛下物备用。

3）种子选择与处理。根据矿区的气候条件，结合边坡坡面节理、裂隙特征，初步选择的草本植物主要有多年生黑麦草、紫花苜蓿和狗牙根，灌木植物主要有胡枝子、紫穗槐、柠条等。喷播前，需对上述种子进行催芽和病虫害防治处理。

4）喷播施工。喷播总厚度约为 9 ~ 11cm，待基层稳定后再喷播面层，基层厚度一般为 7 ~ 9cm，且基层中不含种子。面层厚度为 2 ~ 3cm，在喷播面层时将植物种子与喷播材料混合均匀，为保证喷播质量，基层和面层的厚度均不小于设计厚度的 125%。喷播施工完毕后，采取合理的覆盖措施以保证出苗率。出苗后加强后期的管理与养护，尤其是要建立适宜的滴灌系统，以应对极端的天气条件。

下半区边坡厚层基材喷播技术的主要施工工艺流程为：坡面整理→锚固铁丝网→基层喷播→面层喷播→后期的管理和养护等。

其中，坡面整理、锚固铁丝网的施工工艺与上半区的施工工艺相同；喷播基材配制同样以因地制宜、就地取材为原则，其具体的配比为：4 ~ 5 份矿山开采时剥离的表土、2 ~ 3 份腐熟的蚯蚓粪、1 份城市污泥或 1 份草炭土、或 1 份城市污泥与草炭土的混合物和 1 份微生物菌肥配制而成。在配制过程中，加入适量粉碎的稻草或麦秸等植物纤维、黏结剂、团粒剂、缓释肥料、保水剂等辅助材料。其中，黏结剂和团粒剂的含量略高于客土喷播材料的配比，其他辅助材料的含量通过现场试验确定；初步选择的木本植物种子有紫穗槐、胡枝子、刺槐和榆树，草本植物种子主要有多年生黑麦草、紫花苜蓿、白三叶和狗牙根等；喷播总厚度 10 ~ 12cm，其中基层厚度约 10cm，面层厚度约 2cm，喷播工艺与后期的管理养护同客土喷播技术。

上、下半区的主要区别是下半区喷播基材中的黏结剂和团粒剂含量高于上半区。这主要是因为上半区岩体裂隙密度大于下半区，这就使得植物根系进入岩体裂隙内部的几率增加，从而增大了喷播基材与岩体表面的抗剪强度。

7.3.2.2 中区生态重建

边坡上、下半区结构面体密度分别为 9.34 条 /m^3 和 8.24 条 /m^3，岩体均较破碎。现场地质资料调查结果表明，上半区岩体呈强风化状态，下半区岩体呈中等风化状态，上、下半区坡面局部特征，如图 7.25 所示。

上、下半区边坡坡面起伏度相对较小，节理、裂隙均较发育。纵、横、斜向分布的节理、裂隙将边坡表层岩体切割为大小不一的块体，纵、横、斜向节理、裂隙密度基本接近，切割成的岩块间存在一定的机械咬合力。上半区裂隙切割深度较下半区浅，但上、下半区均有部分垂直于坡面的裂隙贯穿一层或多层平行于坡面的层理结构。上半区坡面岩体节理面很粗糙，大多数节理张开度大于 5mm，且基本呈连续分布状态，部分节理含有大于 5mm 厚的软弱夹层，部分裂隙中充填有岩石风化物，坡面岩石表面较为粗糙。下半区坡面岩体密度小于上半区，节理面稍粗糙，张开度大于 5mm，节理面岩石坚硬，坡面岩石表面稍微粗糙。

上半区　　　　下半区

图 7.25　中区公路上、下半区岩体局部照片

根据该区边坡岩体结构的上述特点，结合矿山的实际及绿色矿山建设理念的基本要求，在“利废恢复”绿色重建思想的指导下，该区边坡的上、下半区均采用华北理工大学李富平课题组研发的以铁尾矿为基质的人工土壤基质作为该区边坡生态恢复的植生基材。根据该基材的特点，结合矿山的实际情况，可确定该区边坡植被恢复的主要施工流程为：坡面整理→植生基材配制→基层喷播→面层喷播→后期的管理和养护等。

其中，坡面整理的施工工艺同客土喷播技术。植生基材配制：在一种人工土壤基质及其配制方法以及应用的基础上，根据矿山实际情况，对部分成分进行了调整，其具体配比为（按重量计）：铁尾矿 1 份（其他的按铁尾矿的重量百分比添加），低碱度硫铝酸盐水泥 6% ~ 8%，粉碎的小麦秸秆或稻草 1.5% ~ 2.5%，用玉米芯生产糠醛所产生的糠醛渣 6% ~ 8%，用棉籽壳生产蘑菇产生的蘑菇渣 1.5% ~ 2.5%，黏合剂为聚丙烯酰胺与聚醋酸乙烯乳液的混合物，含量为 0.5% ~ 0.7%，保水剂 0.1% ~ 0.2%，有机肥 1.5% ~ 2.5%，速效肥料适量。将上述材料混合均匀后，加 30% ~ 40% 的水后，制成植被混凝土植生基材。植被混凝土基材基层厚度约 10cm，面层厚度约 2 ~ 3cm。植物配置采用草灌结合的方式。其中，草本植物初步选择一年生黑麦草、多年生黑麦草和紫花苜蓿，灌木植物主要选择胡枝子和紫穗槐。喷播时，将灌木植物种子混入草本植物中。种子的用量，对于草本植物而言，在雨季以能覆盖坡面为宜；对于灌木植物，2 ~ 3 株 /m^2 为宜。植生基材施工完成后，要加强后期的管理与养护。

7.3.2.3 南区生态重建

边坡上、下半区结构面体密度分别为 7.52 条 /m^3 和 6.96 条 /m^3。宏观上来说，该区岩体相对完整。现场地质资料调查结果表明，上、下半区岩体呈微风化状态，上、下半区坡面局部特征，如图 7.26 所示。

上、下半区边坡坡面起伏度相对较大，有大块的岩石突出，节理、裂隙密集度相对较小，但裂隙切割深度较深，部分裂隙可贯穿数层平行于坡面的层理。纵、横、斜向分布的节理、裂隙将边坡表层岩体切割为块度较大的结构体，结构体之间具有较强的机械咬合力，且上半区裂隙切割深度较下半区浅。结构面为刚性结构面，坡面节理面很粗糙，大多数节理张开度大于 5mm，分布不连续，节理面岩石坚硬，坡面岩石表面稍微粗糙。

上半区　　下半区

图 7.26　南区公路上、下半区岩体局部

根据该区边坡岩体结构的上述特点，如采取传统的客土喷播技术、厚层基材喷播技术等，生态恢复短期效果和边坡生态系统的长期稳定性均较差。这主要是由于该区坡面岩体裂隙相对较少且坡面粗糙度较小，植物根系很难深入到岩体裂隙中，且喷播基材与坡面表层岩体接触区域黏结力小，基材在强降雨及冻融循环作用下易发生剥离现象，进而影响生态重建效果。基于此，通过多方案比选，并结合绿色矿山建设的要求，该区上、下半区均采用一种集节理不发育硬质岩石边坡的喷播绿化方法、爆破燕窝生态修复法与具有高保水性的用于喷播绿化的植物生长基质及制备方法 3 种方法优点于一体的边坡生态重建方法。

7.3.2.4 平台生态重建

对于露天矿岩质边坡生态重建而言，平台较坡面的备选技术方案多，且平台处施工更为简单。根据矿区气候条件及绿色矿山规划建设要求，前期可将平台规划为林地、草地相结合的生态重建方案；待土壤熟化后，可将平台规划为林地、中药种植地相结合的生态重建方案。这一方案不仅能显著地改善矿区的生态环境，而且具有一定的经济效益和社会效益。该技术的主要施工工艺为：平台上岩石的清理→挡墙的砌筑→平台上、挡墙内覆土与整平→挡水埂的修筑→苗木的栽植与植物的种植→后期的管理与养护。

具体的施工过程为：

1）平台上大块岩石的清理。首先采用机械和人工相结合的方式，清除平台上可移动的大块岩石，为后继施工做好准备。

2）挡墙的砌筑。采用浆砌毛石的方式砌筑挡墙，挡墙结构如图 7.27 所示。所用毛石为矿山开采过程中产生的形状相对规则的废石，且其单轴抗压强度不低于 30MPa，水泥砂浆等级为 M7.5，砌筑完成后加强养护，确保挡墙的强度达到设计要求。

3）平台上、挡墙内覆土与整平。在矿区平台上覆盖 0.50 ~ 0.60m 厚的矿山开采时剥离的表土后，进行平整；挡墙内回填厚度为 0.8m 的矿山开采时剥离的表土。

4）挡水埂的修筑。挡水埂采用矿山开采时剥离的表土分层压实而成，挡水埂断面呈梯形，底面边长不小于 2m，顶面边长不小于 1m，高度 0.8 ~ 1m。挡水埂的主要作用是防止强降水时，边坡平台形成的地表径流沿坡面流动，减少水对坡面植生基材的冲刷作用。

5）苗木的栽植与植物的种植。在挡土墙内栽植刺柏，其主要作用相当于防护林，在坡脚处栽植爬山虎，株距为 30 ~ 50cm；在挡水埂上栽植中药植物连翘（Forsythiasuspensa），

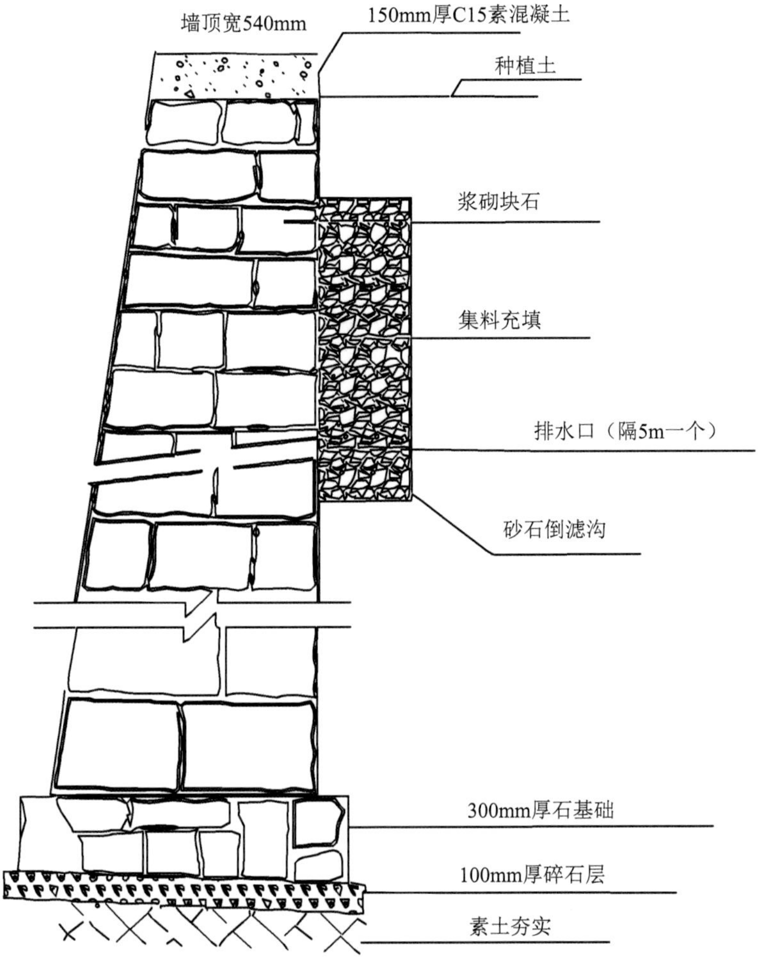

图 7.27　浆砌挡墙结构示意图

株距为 1.5 ~ 2m，平台上主要种植豆科和禾本科牧草，并以豆科牧草为主，其主要作用是增加土壤中氮含量。牧草植物每年春季播种，在盛花期翻耕，以增加土壤有机质含量并加速土壤熟化，土壤熟化后平台上以种植中药材等经济作物为主。在平台中线位置，栽植刺槐，株距为 2m，其主要作用同刺柏。

6）后期的管理与养护。加强水肥管理，防范病虫害的发生。采场到界边邦区域平台覆土，栽植中华地锦、美国地锦、紫藤等藤本植物，利用其攀援特性达到覆绿效果；土质坡面和岩土混合坡面播种波斯菊、紫穗槐等，利用其耐瘠薄，易成活的特性达到覆绿及美观效果。在采场周边已覆绿区域进行效果强化，栽植油松、法桐、紫叶李等乔木、栽植木槿、独干月季等灌木，其中油松为常绿乔木，兼顾了秋冬季采场周边的绿化效果。

7.3.2.5 排土场区域生态修复

根据覆土作业进度分春秋两季进行。春季在东侧边坡平台栽植柳树等乔木，栽植桃树、梨树、山楂等果树，几种果树花期依次间隔半个月左右，延长了可观赏时期。北侧边坡播种紫穗槐、波斯菊、牛筋草、狗尾草、马唐等本地野生草本及灌木，利用其对本地气候及土壤条件的适应性，短期内达到覆绿效果。

秋季在西侧边坡继续播种紫穗槐、牛筋草、波斯菊等，在平台栽植柳树，在东侧平台强化栽植柽柳。

7.3.2.6 厂区及工业场地

将观礼台及周边可视区域打造为亮点，在观礼台已经硬化的区域，利用木质花箱栽植万寿菊、黄秋英、鸡冠花、矮牵牛等多种颜色观花植物，增加色调、烘托气氛；在观礼台周边原有绿化的基础上，强化栽植万寿菊、玉簪冬青等植物，极大地增加了景观效果；在观礼台原有花坛中栽植各种颜色的花卉，组成整齐规则的色块与中央花箱相呼应，增加视觉冲击效果；砌筑花坛栽植木槿花墙，对整个区域起到了很好的隔离效果。

厂区共栽植山楂、玉兰、龙爪槐等乔木，栽植大叶黄杨、金叶女贞、紫叶小檗、丁香、金银木等灌木，草坪更新播种三叶草及紫花地丁。其中，办公楼前大草坪，由于地埋管道和喷灌系统年久失修，以及恶性深根杂草白茅草多年侵害，草坪中大部分绿篱植物长势不良甚至已经枯萎，中心景观已经难以起到美化环境的作用，对整个区域根据原设计进行更新恢复，替换了因自然老化失去景观效果的植物。

7.3.3 生态修复效果评价

（1）地质灾害评价指标

矿区内地形地貌以平原为主，地形、地貌较简单，矿山开采易产生水土流失的区域主要为露天采矿场，特别是在地表以上开采期，流失量随着植被的逐渐被破坏和裸露面积的加大而增多。堆置岩土如边坡失稳，可能发生坡面滑动或泥石流，经调查，地质灾害发育程度弱发育。该矿山治理区采取了削坡、注浆、周边植树绿化和路面硬化等措施，进行了地质灾害治理。

经现场确定，治理区内施工按照设计进行，治理区所有地质灾害隐患得到较合理处置、地质灾害处置措施科学合理。单项得分 95 分。

（2）施工设计执行情况及治理评价指标

该矿山是生产矿山，大部分露天采场还没有达到开采边界，因此暂时不能全部进行生态修复。排土场、工业场地、观礼台等地完成了大部分生态修复任务，因此主要是针对应进行生态修复部分进行评价。已生态修复面积占应生态修复面积比较高。应生态修复部分按照料因地制宜的原则进行了分区治理。北区根据岩石特性、倾向、坡度、节理、裂隙发育情况，上、下两区采取不同的客土喷播技术。中区根据边坡上、下半区结构面体密度不同：上半区岩体呈强风化状态，下半区岩体呈中等风化状态，采用人工土壤基质作为该区边坡生态恢复的植生基材，通过坡面整理、植生基材配制、基层喷播、面层喷播、后期的管理和养护等。南区生态重建根据该区边坡岩体结构的特点，采用一种集节理不发育硬质岩石边坡的喷播绿化方法、爆破燕窝生态修复法与具有高保水性的用于喷播绿化的植物生长基质及制备方法。平台生态重建主要通过挡墙的砌筑、覆土绿化多种植物组合的方法。排土场、厂区及工业场地通过多种乔木、灌木、草本植物结合的方式：桃树、梨树、山楂、紫穗槐、波斯菊、牛筋草、万寿菊、黄秋英、鸡冠花、矮牵牛等进行生态修复。

经审核，方案设计合理，招投标、施工、监理资料齐全，质量合格。单项得分 85 分。

（3）植物群落与周边环境协调性

根据设计方案，植物种类丰富与周边环境协调，边坡以黑麦草、多年生黑麦草和紫花苜蓿，灌木植物主要选择胡枝子和紫穗槐为主。

平台以栽植中华地锦、美国地锦、紫藤等藤本植物，土质坡面和岩土混合坡面播种波斯菊、紫穗槐等，在采场周边已覆绿区域进行效果强化，栽植油松、法桐、紫叶李等乔木，栽植木槿、独干月季等灌木。观礼台以万寿菊、黄秋英、鸡冠花、矮牵牛为主；厂区共栽植山楂、玉兰、龙爪槐等乔木，栽植大叶黄杨、金叶女贞、紫叶小檗、丁香、金银木等灌木，草坪更新播种三叶草及紫花地丁。

治理前后对比，如图 7.28—图 7.32 所示。

图 7.28　铁矿矿口南侧花坛生态修复前后对比

图 7.29　观礼台南侧生态修复前后对比

图 7.30　观礼台区域栽植花卉色块效果

图 7.31　采场北帮播种波斯菊

图 7.32　排土场修复效果

总体植被配置合理与周边环境相协调，不存在入侵物种。单项得分 90 分。

（4）植被覆盖度

根据 2019 遥感影像数据（图 7.33），使用 ENVI 软件进行解译分析，得到研究区植被覆盖情况，如图 7.34 所示。

图 7.33　矿区 2019 年影像

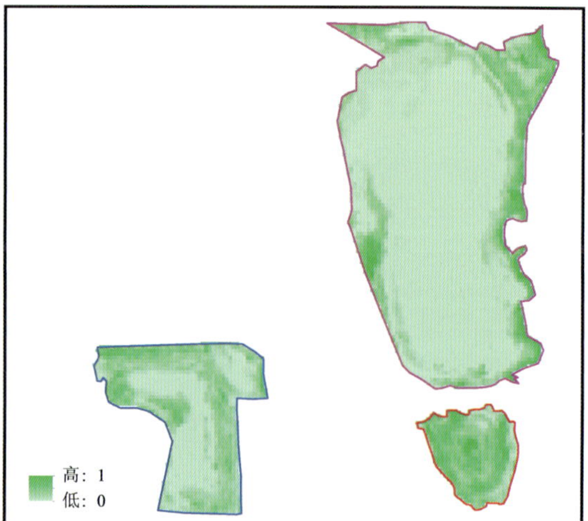

图 7.34　矿区植被覆盖率

遥感数据解译结果表明，矿区整体植被覆盖程度较低，矿区裸地面积较大，占矿区总面积的 67.43%，主要原因是露天矿山尚处于开采状态，很多区域未到达边界，裸露区域近期无法进行修复。因此，以可修复面积的平均覆盖率进行计算。经计算，覆盖率约为 34.86%，可达到原始被覆盖度的 51.70%。植被覆盖度评分按级别内部线性内插取值，本项得分 61.70 分。

（5）土壤肥力评价

在排土场区域采集土壤样品 5 个，进行土壤指标化验，化验结果的平均值如表 7.7 所示，用地类型为林草地。

表 7.7　土壤肥力评价化验值

用地类型	全氮含量（g/kg）	速效氮含量（mg/kg）	速效磷含量（mg/kg）	速效钾含量（mg/kg）	有机质含量（g/kg）
林草地	1.29	14.80	14.09	95.01	2.38

按照林草地指标评价指标，可得林、草地等级为良。其中，速效氮、有机质含量偏低。综合评分为 75 分。

（6）土壤重金属元素污染

在矿区及周边采集土样样品 5 个，进行重金属元素含量化验，5 种重金属元素含量的平均值，见表 7.8。

表 7.8　土壤重金属元素含量　　单位：mg/kg

重金属元素	Cd	Cr	Cu	Pb	Zn
矿区	0.0822	43.60	18.50	33.70	67.30

根据公式 3.1 计算可得，各种重金属的单因子污染指数，如表 7.9 所示。

表 7.9　单因子污染指数

重金属元素	Cd	Cr	Cu	Pb	Zn
污染指数	0.27	0.22	0.19	0.28	0.27

单因子污染指数均小于 1，可以认为矿区没有被污染。

根据公式 3.2 计算综合污染指数：

$$P_{综合} \leqslant 0.37$$

评价等级为优，经线性内插本项得分为 96.3 分。

项目实施后评价分值的计算采用加权求各法。计算公式如下：

$$P=95\times0.1+85\times0.1+90\times0.3+61.70\times0.3+75\times0.1+96.3\times0.1=80.64（分）$$

因此，综合评价为良。

7.4 唐山市某矿山生态修复案例评价

7.4.1 自然地理及地质条件概况

（1）气象

本区属暖温带半湿润季风性气候，季风显著，四季分明，具有春季干燥，夏季炎热多雨，秋季凉爽，冬季寒冷的气候特点。根据气象局 1956—2006 年观测资料，多年平均气温 11.3℃，最低气温－22.7℃，最高气温 39.6℃，多年平均降水量 664.1mm，最大年降水量 1010.9mm，最小年降水量 299.5mm，80% 的降水集中在 6 ~ 9 月，一般 10 月下旬出现霜冻，全年无霜期 176 ~ 194 天，标准季节性冻土深度 0.80m。

（2）水文

区域内有两条主要河流，分别为陡河和还乡河。陡河中游建有陡河水库，还乡河上游建有八一水库、邱庄水库。矿区地势较高，距离河流较远，河流对矿区无影响。

（3）土地、植被类型

通过实地调查，治理区植被覆盖率较差，坡麓边缘、缓坡地带及沟谷下部主要分布人工次生林，山体上部主要为杂草及灌木，零星分布乔木。治理区及周边土地类型主要为其他草地、果园及采矿用地。

（4）水文地质条件

本区属地下水补给径流区，基岩裸露，地形较陡，植被稀少，附近无大的地表水体，地下水补给来源主要为大气降水。基岩裂隙水不发育，采场充水因素主要为大气降水，采场最低开采标高（85m）高于当地最低侵蚀基准面（50m），大气降水可自然排出。治理区水文地质条件属简单类型。

（5）工程地质条件

治理区范围内坡麓边缘有少量第四系存在，厚度约 0 ~ 0.5m，岩性主要为碎石土，成因类型属残坡积物，结构松散。边坡岩性为白云岩等，风化带厚度 5 ~ 10m。矿区地层倾向 110° ~ 120°，倾角 30°，采场边坡多为逆向或斜交坡，区内未见大的断裂构造及软弱层，岩性均一，岩层致密坚硬。治理区工程地质条件属中等类型。

（6）治理区及周边其他人类工程活动情况

治理区距离村庄约 1.6km，治理区内部多为高山，南侧为林地，矿山道路与周边公路有土路相通，治理区及周边人类工程活动较强烈（图 7.35）。

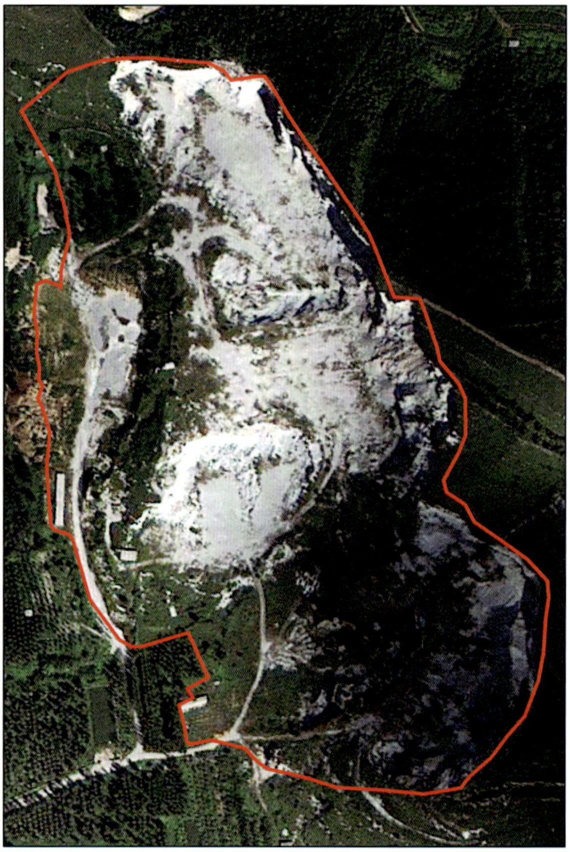

图 7.35　治理区遥感影像图

（7）地质灾害问题

据现场调查，治理区内无形成泥石流的物源，地质灾害问题主要是滑坡及崩塌地质灾害。

治理区内地质构造形态为一向南东倾斜的单斜层，岩层产状为走向北东，倾角 30° 左右。采场边坡多为逆向或斜交坡，区内未见大的断裂构造，只偶见一些小断层及节理、裂隙分布，现状条件下，滑坡地质灾害危险性小，影响程度较轻。

治理区采面多为高陡岩质边坡，采面面积及高度大，采面最大长度约 750m，边坡顶部最大标高 +186m，最大高差约 85m，坡度角 60° ~ 70°，边坡陡峭，坡面存在大量浮石，岩层倾向 110° ~ 120°，倾角 30°。区内未见大的断裂构造，只偶见一些小断层及节理、裂隙分布。现状条件下，崩塌地质灾害危险性大，影响程度严重。

7.4.2 生态修复方案

根据治理区地质环境破坏现状及现场实际情况，根据因地制宜的原则，将东山采石厂、秀清采石厂治理区域的不同土地类型，采取不同的治理方法。各区域主要治理方案分述如下。

（1）边坡治理工程

对治理区内废弃物清运，拆除采场内废弃建筑、灰窑及设备进行拆除清运。

1）削坡工程。对治理区平台进行平整，削坡降段，采用机械、爆破的方式形成多级台阶，台阶高度 10m，平台宽度 6m，边坡坡度 60°。削坡后形成 +100m、+110m、+120m、+130m、+140m 等 5 级平台。

2）清理坡面浮石。对治理区高陡边坡部分危岩体及削坡后的坡面松石，采用人工方式进行清理。

3）平台、缓坡平整工程。对治理区平台标高 +90m 左右东高西低进行削整。

（2）砌筑工程

在采面高陡边坡山脊上修建挡水埂，宽 0.2m，高 0.3m。

在治理区 +100m、+110m、+120m、+130m、+140m 等各级平台边缘 1.0m 处砌筑 1# 挡墙，用于保持水土。挡墙采用浆砌块石结构，块石尺寸不小于 15cm，砂浆采用 M7.5 砌筑砂浆，块石可在场内就地取用。

边坡最底部距坡脚 3m 左右砌筑浆砌石挡墙，挡墙高 2m，顶宽 0.6m，底宽 1m。

为后期对治理区绿化养护，在坡顶位置修建 1 座蓄水池。

（3）覆土绿化工程

+100m、+110m、+120m、+130m、+140m 等各级平台 0.6m 高挡墙内侧进行覆土。之后采用乔、灌、草结合的方式对平台进行绿化。

+90m 平台覆土厚度 0.3m 后撒播草籽进行绿化。

边坡最底部 2m 高挡墙内侧进行覆土，覆土厚度 1m，采用乔、灌、草结合的方式，对平台进行绿化。

削坡后的台阶坡面采用攀爬植物进行绿化，坡顶栽植葛藤，坡脚栽植爬山虎。

（4）边坡绿化

边坡采用草灌结合方法绿化，喷播绿化是边坡岩壁上挂网喷射含土壤、肥料、植物种子等多种材料的基质，对坡面进行绿化。治理区边坡进行挂网喷播，客土基层材料主要为剥离土，在其中添加稻壳、有机肥、复合肥、草炭土、土壤改良剂、木纤维、粘合剂、保水剂等原材料，按一定比例搅拌均匀混合而成。喷播共计两层，底层为第一层基质，厚度 80 ~ 90mm；上层为种子层，厚度为 30 ~ 40mm，混合并拌入草本、木本植物种子（图 7.36）。

图 7.36　主要治理工程示意图

7.4.3 生态修复效果评价

（1）地质灾害消除情况

在施工工程中，对治理区在施工期间发现边坡顶部存在 3 条裂缝，裂缝 1 宽约 0.5m，深约 2 ~ 3m；裂缝 2 宽约 0.7m，深约 2.5 ~ 3m；裂缝 3 宽约 0.5m，深约 2.5 ~ 3m。规模较大，且靠近边缘，存在严重地质灾害隐患，威胁下一步施工安全。根据实际情况，对治理工程进行了进一步优化。

1）削坡工程。对治理区平台进行平整，削坡降段，采用机械、爆破的方式形成多级台阶。削坡后形成 +100m、+110m、+134m、+160m 4 级平台，+100m、+110m 平台宽度 6m，边坡坡度 60°；+134m、+160m 平台宽度 3m，边坡坡度 65°。削坡后东山形成 +100m、+110m、+120m、+130m、+140m 5 级平台，宽度 6m，边坡坡度 60°。

2）清理坡面浮石。对治理区高陡边坡部分危岩体及削坡后的坡面松石采用人工进行清理，清理方量约 9450m^3。

3）砌筑工程。在治理区 +100m、+110m、+120m、+130m、+134m、+140m、+160m 等各级平台边缘 1.0m 处砌筑挡墙，用于保持水土。挡墙采用浆砌块石结构，块石尺寸不小于 15cm，砂浆采用 M7.5 砌筑砂浆，块石可在场内就地取用。挡墙高度 0.6m，挡墙顶宽 0.4m，底宽 0.7m，墙顶进行砂浆抹面。

经现场核实，施工按照设计进行，治理区所有地质灾害隐患得到合理处置、地质灾害处置措施科学合理。单项得分 95 分。

（2）施工设计执行情况

施工方能够严格执行国家现行的各种有关建设工程施工规范和要求，具备完善的安全生产等各项管理规章制度及切实可行、有效的保障措施。施工、监理资料齐全，严格执行设计方案。施工过程中，在确保工程质量的同时，按规定完成任务。对治理区各种滚石、崩塌、滑坡、水土流失等地质灾害隐患进行了彻底治理，保证环境安全，验收质量优。单项得分 95 分。

（3）植物群落与周边环境协调性

修复治理工程标高 90m 修复为耕地，主要用于种植玉米，大豆。平台主要栽植杨树、刺槐、紫穗槐苗、爬山虎等。挂网喷播主要采用：剪秋萝、金鸡菊、野花组合、野菊花、紫花苜蓿、胡枝子、荆条、紫穗槐、臭椿、榆树、刺槐等组合，修复后经实地核查，大部分植物可以成活，所选物种基本都是当地常见植物，具有一定的多样性。对坡度特别陡的西南部成活率稍低，主要原因是水份不易保留。总体植被配置合理与周边环境相协调，不存在入侵物种，不存在过度治理。单项得分 87 分。

（4）植被覆盖度

根据无人机正射影像图，使用 ENVI 软件进行解译，得到植被覆盖情况，如图 7.37，图 7.38，经计算，矿区周边地区植被覆盖度为 91.76%。

各项修复措施实施后，经后期管护，修复效果良好。通过计算，修复后治理区植被覆盖度约 80.31%，可达到原始被覆盖度的 87.75%。植被覆盖度评分按级别内部线性内插得到：

$$90+[(87.5\% - 80\%)]/[(100\% - 20\%)]\times(100 - 90)=93.75（分）$$

（5）土壤肥力评价

根据竣工图统计：将治理区划分为耕地、林草地。其中，耕地面积 10.98hm^2，林草地面积 4.81hm^2。分别采集土壤样品化验后，各指标含量平均值见表 7.10。

图 7.37　治理区施工过程中三维影像图

图 7.38　治理区修复后效果

表 7.10　土壤肥力评价化验值

用地类型	全氮含量（g/kg）	速效氮含量（mg/kg）	速效磷含量（mg/kg）	速效钾含量（mg/kg）	有机质含量（g/kg）
耕地	0.55	38	7.10	83	7
林草地	0.77	62	＞ 12.30	＞ 108	23

按照耕地指标评价方法可得，耕地等级为中。

耕地部分得分：

$$61+[(0.10-0.55)]/[(1.00-0.50)]\times 13=72.70（分）$$

按照林草地指标评价方法可得，喷播等级为良。

林草地部分得分：

$$75+[(0.77-0.75)]/[(1.50-0.75)]\times 14=75.37（分）$$

根据地类面积计算土地养分得分：

$$10.98/(10.98+4.81)\times 72.7+4.81/(10.98+4.81)\times 75.37=73.51（分）$$

（6）土壤重金属污染

在矿区及周边采集土壤样品 4 个，进行重金属元素含量化验，5 种重金属元素含量的平均值见表 7.11。

表 7.11　土壤重金属元素含量　　单位：mg/kg

重金属元素	Cd	Cr	Cu	Pb	Zn
矿区	0.12	53.40	20.20	26.20	48.30

根据公式 3.1 计算可得，各种重金属的单因子污染指数，如表 7.12 所示。

表 7.12　单因子污染指数

重金属元素	Cd	Cr	Cu	Pb	Zn
污染指数	0.41	0.27	0.20	0.22	0.19

单因子污染指数均小于 1，可以认为矿区没有被污染。

根据公式 3.2 计算综合污染指数：

$$P_{综合} \leqslant 0.51$$

评价等级为优，经线性内插本项得分为 94.9 分。

图 7.39　治理区修复前后对比

6 个评价指标中：地质灾害消除情况、施工设计执行情况、与周边环境协调性为定量指标，通过现场考查、查询相关资料进行评价；植被覆盖度、土壤养分指标、土壤污染指标为定量指标根据实测值获取。

项目实施后评价分值的计算采用加权求各法。计算公式如下：

$$P=95 \times 0.1+95 \times 0.1+87 \times 0.3+93.75 \times 0.3+73.51 \times 0.1+94.9 \times 0.1=90.07（分）$$

因此，综合评价为优（图 7.39）。

参考文献

[1] 李全生，李淋，方杰，等 . 北方防沙带大型露天煤矿区生态保护与修复技术 [J]. 煤炭科学技术：1-13.

[2] 吴冠辰，鲁明星，郑震 . 基于遥感技术的露天铁矿扩帮生态环境现状评价研究 [J/OL]. 矿业研究与开发，2019，39(5)：115-118. DOI：10.13827/j.cnki.kyyk.2019.05.023.

[3] 罗敏敏，徐超 . 生态袋 +SNS 柔性防护网在岩石护坡中的应用 [J]. 地下空间与工程学报，2015，11(S1)：278-281.

[4] 陈冀川，辜彬 . 论植生袋在岩质边坡上的景观应用 [J/OL]. 中国水土保持，2014(5)：32-35+73. DOI：10.14123/j.cnki.swcc.2014.05.033.

[5] 李映，陈金宏，左双英，等 . 木质素含量对客土喷播层抗剪强度影响的试验研究 [J]. 土工基础，2014，28(2)：121-123+149.

[6] 杨奇，鄢煜川，朱代强，等 . 岩体表面粗糙度对边坡生态防护中基材稳定性影响分析 [J]. 江西水利科技，2015，41(3)：201-205.

[7] 田开洋 . 岩质边坡绿化技术及其施工方法选择 [J]. 西部探矿工程，2015，27(2)：11-13+16.

[8] 孙汝斌，张家洋，胡海波 . 宜兴废弃矿山挂网客土喷播区植被的养护管理 [J/OL]. 湖北农业科学，2014，53(15)：3562-3564. DOI：10.14088/j.cnki.issn0439-8114.2014.15.091.

[9] 翟文光 . 山区高填方边坡稳定性分析与加固处理 [J/OL]. 黑龙江交通科技，2023，46(10)：42-44+92. DOI：10.16402/j.cnki.issn1008-3383.2023.10.006.

[10] 黄燕 . 挂网客土喷播技术在石质边坡防护中的应用 [J/OL]. 森林工程，2012，28(6)：62-64. DOI：10.16270/j.cnki.slgc.2012.06.007.

[11] 郭东升，张显 . 客土喷播技术在矿山地质环境治理中的应用 [J/OL]. 中国环境管理干部学院学报，2016，26(1)：86-89. DOI：10.13358/j.issn.1008-813x.2016.01.24.

[12] 王来永，张秀省，高祥斌，等 . 客土喷播技术在生态防护工程中的应用进展 [J/OL]. 山西建筑，2015，41(27)：191-192. DOI：10.13719/j.cnki.cn14-1279/tu.2015.27.101.

[13] 田继龙，李长沙，韩旭 . 客土喷播生态边坡防护技术 [J/OL]. 北方交通，2014(S2)：51-55. DOI：10.15996/j.cnki.bfjt.2014.s2.065.

[14] 张琳瑶，杜祥运，刘大翔，等 . 不同修复模式边坡土壤微生物量季节动态——以向家坝工程扰动区为例 [J/OL]. 江苏农业科学，2019，47(13)：320-324. DOI：10.15889/j.issn.1002-1302.2019.13.075.

[15] 马朋坤，李富平，韩新开，等 . 以铁尾矿为基础材料的植被混凝土基质研究 [J]. 环境科学与技术，2015，38(11)：110-114+129.

[16] 许文年，周明涛，夏振尧，等 . 水电工程陡边坡植被混凝土生态修复技术 . 湖北省，三峡大学，2016-08-16.

[17] 梁永哲，陈毅，刘大翔，等 . 外掺植物纤维对冻融作用下植被混凝土抗剪强度的影响 [J/OL]. 水土保持通报，2016，36(2)：136-139+145. DOI：10.13961/j.cnki.stbctb.2016.02.026.

[18] HARIANTO T，HAYASHI S，DU Y J，etal. Effects of Fiber Additives on the Desiccation Crack Behavior of the Compacted Akaboku Soil as A Material for Landfill Cover Barrier[J/OL]. Water，Air，and Soil Pollution，2008，194(1-4)：141-149. DOI：10.1007/s11270-008-9703-2.

[19] 张振东，罗斌，张兰军，等 . 岩质边坡断级配植被混凝土护坡技术 [J]. 公路交通技术，2008(3)：127-130.

[20] 李绍才，孙海龙，杨志荣，等 . 坡面岩体 – 基质 – 根系互作的力学特性 [J]. 岩石力学与工程学报，2005(12)：2074–2081.
[21] 张翔宇，杨平，王磊，等 . 植被根系对土体抗剪强度影响的试验研究 [J]. 武汉理工大学学报，2012，34(4)：113–117.
[22] KATUWAL K B，SCHWARTZ B，JESPERSEN D. Desiccation avoidance and drought tolerance strategies in bermudagrasses[J/OL]. Environmental and Experimental Botany，2020，171：103947. DOI：10.1016/j.envexpbot.2019.103947.
[23] FATTET M，FU Y，GHESTEM M，etal. Effects of vegetation type on soil resistance to erosion：Relationship between aggregate stability and shear strength[J/OL]. CATENA，2011，87(1)：60–69. DOI：10.1016/j.catena.2011.05.006.
[24] 黄晓乐，许文年，夏振尧 . 植被混凝土基材 2 种草本植物根–土复合体直剪试验研究 [J]. 水土保持研究，2010，17(4)：158–161+165.
[25] 丁瑜，夏振尧，许文年，等 . 根系作用下的基材土 – 岩接触面原位剪切试验研究 [J]. 岩土工程学报，2016，38(11)：2107–2113.
[26] TARDÍO G，MICKOVSKI S B. Method for synchronisation of soil and root behaviour for assessment of stability of vegetated slopes[J/OL]. Ecological Engineering，2015，82：222–230. DOI：10.1016/j.ecoleng.2015.04.101.
[27] RAHARDJO H，SATYANAGA A，LEONG E C，etal. Performance of an instrumented slope covered with shrubs and deep-rooted grass[J/OL]. Soils and Foundations，2014，54(3)：417–425. DOI：10.1016/j.sandf.2014.04.010.
[28] 杜祥运，刘大翔，许文年，等 . 活化菌剂施用量对基材肥力及狗牙根生长的影响 [J/OL]. 生态科学，2016，35(3)：92–98. DOI：10.14108/j.cnki.1008–8873.2016.03.014.
[29] 韩颖，刘勇，乔欧盟，等 . 矿区岩质边坡人工土壤–植被特性研究 [J/OL]. 山西大学学报 (自然科学版)，2023，46(3)：733–742. DOI：10.13451/j.sxu.ns.2022053.
[30] 宋媛媛，邱利平，赵本淑，等 . 人工土壤中氮磷氯元素降雨侵蚀试验研究 [J/OL]. 西南大学学报 (自然科学版)，2015，37(3)：132–138. DOI：10.13718/j.cnki.xdzk.2015.03.022.
[31] 李林霞，王瑞君，辜彬，等 . 海岛矿区岩质边坡植物群落演替中物种多样性的变化 [J/OL]. 生态学杂志，2014，33(7)：1741–1747. DOI：10.13292/j.1000–4890.2014.0134.
[32] 张俊云 . 岩石边坡植被护坡系统的水分平衡及控制 [J]. 岩石力学与工程学报，2013，32(09)：1729–1735.
[33] 陈浩明，吴华艺 . 高边坡防护技术在工程中的应用 [J/OL]. 城市道桥与防洪，2016(4)：176–177+184+18. DOI：10.16799/j.cnki.csdqyfh.2016.04.054.
[34] 钟春欣，张玮 . 植被护坡抗冲模型试验方法与装置研究 [J]. 河海大学学报 (自然科学版)，2008(2)：170–174.
[35] 刘晓路，高强，肖衡林 . 基于三维土工网垫的植草护坡技术研究 [J]. 长江科学院院报，2008(3)：58–61.
[36] 顾晶 . 三维植被网喷播植草技术在高速公路边坡上的应用 [J/OL]. 生态环境，2003(2)：155–156. DOI：10.16258/j.cnki.1674–5906.2003.02.007.
[37] 蹇华雄，曾明刚，陈芳，等 . 边坡生态防护材料要求及施工质量控制 [J/OL]. 公路交通技术，2015(5)：132–136. DOI：10.13607/j.cnki.gljt.2015.05.031.
[38] 肖成志，孙建诚，刘晓朋 . 三维土工网垫植草护坡效果的影响因素试验研究 [J]. 北京工业大学学报，2011，37(12)：1793–1799.
[39] 罗艺伟，罗建军，龙文强 . 花岗岩的三维网植被护坡技术与工程实践 [J]. 公路工程，2014，39(3)：238–240+255.
[40] 张俊云，周德培 . 厚层基材喷射植被护坡的抗侵蚀实验研究 [J]. 西南交通大学学报，2002(6)：628–

631.
[41] 张季如，朱瑞赓，夏银飞，等 . ZZLS 绿色生态护坡材料的强度试验研究 [J]. 岩石力学与工程学报，2003(9)：1533–1537.
[42] 李义强，王英宇，宋桂龙，等 . 厚层基材喷播技术在北方半干旱区岩石边坡植被恢复中的应用——以京承高速公路(三期)植被恢复工程为例 [J/OL]. 草原与草坪，2012，32(3)：58–64. DOI：10.13817/j.cnki.cyycp.2012.03.002.
[43] 张俊云，周德培 . 厚层基材喷射植被护坡基材混合物的收缩恢复性研究 [J]. 岩石力学与工程学报，2004(7)：1203–1208.
[44] 黄滔，陈永安，唐红，等 . 新型生物植生基材在边坡生态防护中的应用研究 [J]. 农业与技术，2013，33(2)：199+208.
[45] 杨悦舒，夏振尧，肖海，等 . 恢复生态学理论在水电工程扰动区边坡生态修复中的应用 [J]. 长江科学院院报，2015，32(7)：52–57.
[46] BURTON C M，BURTON P J，HEBDA R，etal. Determining the Optimal Sowing Density for a Mixture of Native Plants Used to Revegetate Degraded Ecosystems[J/OL]. Restoration Ecology，2006，14(3)：379–390. DOI：10.1111/j.1526–100X.2006.00146.x.
[47] 胡振琪，张光灿，魏忠义，等 . 煤矸石山的植物种群生长及其对土壤理化特性的影响 [J]. 中国矿业大学学报，2003(5)：25–29+33.
[48] 安俊珍 . 风化型土质金矿尾矿植被恢复研究 [D]. 华中农业大学，2010.
[49] 赵方莹，梁丽壮，孙建新，等 . 北京首云铁矿矿区自然恢复植被主要种群生态位研究 [J/OL]. 林业资源管理，2009(5)：79–83. DOI：10.13466/j.cnki.lyzygl.2009.05.003.
[50] Boyd D S，Foody G M，Ripple W J. Evaluation of approaches for forest cover estimation in the Pacific Northwest，USA，using remote sensing[J]. Applied Geography，2002，22(4)：375–392.
[51] GOETZ S，WRIGHT R，SMITH A，etal. IKONOS Imagery for Resource Management：Tree Cover，Impervious Surfaces，and Riparian Buffer Analyses in the Mid–Atlantic Region[J/OL]. Remote Sensing of Environment，2003，88：195–208. DOI：10.1016/j.rse.2003.07.010.
[52] Xiao J，Moody A. A comparison of methods for estimating fractional green vegetation cover within a desert–to–upland transition zone in central New Mexico，USA[J]. Remote Sensing of Environment，2005，98(2–3)：237–250.
[53] Jiang Z，Huete A R，Chen J，et al. Analysis of NDVI and scaled difference vegetation index retrievals of vegetation fraction[J]. Remote Sensing of Environment，2006，101(3)：366–378.
[54] Tim，Van De Voorde，V. Jeroen，C. Frank. Comparing Different Approaches for Mapping Urban Vegetation Cover from Landsat ETM+ Data：A Case Study on Brussels[J]. Sensors，2008，8(6)：3880–3902.
[55] Huang C，Song K，Kim S，et al. Use of a dark object concept and support vector machines to automate forest cover change analysis[J]. Remote Sensing of Environment，2008，112(3)：970–985.
[56] Barati S，Rayegani B，Saati M，et al. Comparison the accuracies of different spectral indices for estimation of vegetation cover fraction in sparse vegetated areas[J]. Egyptian Journal of Remote Sensing & Space Science，2011，14(1)：49–56.
[57] Broxton P D，Zeng X，Scheftic W，et al. A MODIS–Based Global 1–km Maximum Green Vegetation Fraction Dataset[J]. Journal of Applied Meteorology & Climatology，2014，53(8)：1996–2004.
[58] 李苗苗，吴炳方，颜长珍，等 . 密云水库上游植被覆盖度的遥感估算 [J]. 资源科学，2004(4)：153–159.
[59] 古丽 · 加帕尔，陈曦，等 . 干旱区荒漠稀疏植被覆盖度提取及尺度扩展效应 [J]. 应用生态学报，2009，20(12)：2925–2934.
[60] 丁艳玲，赵凯，李晓峰，等 . 吉林西部盐碱地数字图像植被覆盖度的自动提取 [J]. 地球信息科学学报，

2013，15(4)：618-624.
[61] 侯春华，李富平，冯一帆，等 . 基于 NDVI-DFI 的矿业开发密集区地表热环境分异效应分析 [J]. 农业工程学报，2020，36(3)：160-168.
[62] Petja B M，Twumasi Y A，Tengbeh G T. The use of Remote Sensing to Detect Asbestos Mining Degradation in Mafefe and Mathabatha，South Africa[C]// IEEE International Conference on Geoscience and Remote Sensing Symposium. IEEE，2006：1591-1593.
[63] Lei S，Bian Z，Daniels J L，et al. Spatio-temporal variation of vegetation in an arid and vulnerable coal mining region[J]. International Journal of Mining Science and Technology，2010，20(3)：485-490.
[64] Erener A. Remote sensing of vegetation health for reclaimed areas of Seyitömer open cast coal mine[J]. International Journal of Coal Geology，2011，86(1)：20-26.
[65] Sarp G. Determination of Vegetation Change Using Thematic Mapper Imagery in Afşin-Elbistan Lignite Basin; SE Turkey[J]. Procedia Technology，2012，1：407-411.
[66] Brom J，Nedbal V，Procházka J，et al. Changes in vegetation cover，moisture properties and surface temperature of a brown coal dump from 1984 to 2009 using satellite data analysis[J]. Ecological Engineering，2012，43(7)：45-52.
[67] Zhao Y，Li X R，Zhang P，et al. Effects of Vegetation Reclamation on Temperature and Humidity Properties of a Dumpsite：A Case Study in the Open Pit Coal Mine of Heidaigou[J]. Arid Soil Research & Rehabilitation，2015，29(3)：375-381.
[68] 胡振琪，陈涛 . 基于 ERDAS 的矿区植被覆盖度遥感信息提取研究——以陕西省榆林市 神府煤矿区为例 [J]. 西北林学院学报，2008，23(2)：164-167.
[69] 吴立新，马保东，刘善军 . 基于 SPOT 卫星 NDVI 数据的神东矿区植被覆盖动态变化分析 [J]. 煤炭学报，2009，34(9)：1217-1222.
[70] 华正坤 . 基于遥感影像的平朔矿区植被动态监测研究 [D]. 中国地质大学 (北京)，2013.
[71] 李恒凯，雷军，杨柳 . 基于 Landsat 影像的离子稀土矿区植被覆盖度提取及景观格局分析 [J]. 农业工程学报，2016，32(10)：267-276.
[72] 梁肖 . 霍林河矿区植被覆盖度信息提取及时空变化分析 [D]. 中国地质大学 (北京)，2017.